市政给排水工程施工与管理

张宁　李晓东　卢健　主编

延吉·延边大学出版社

图书在版编目（CIP）数据

市政给排水工程施工与管理 / 张宁，李晓东，卢健
主编. -- 延吉 ： 延边大学出版社，2024. 7. -- ISBN
978-7- 230-06922-9

Ⅰ．TU99

中国国家版本馆CIP数据核字第2024H3W869号

市政给排水工程施工与管理

SHIZHENG JIPAISHUI GONGCHENG SHIGONG YU GUANLI

主　　编：张宁　李晓东　卢健
责任编辑：耿亚龙
封面设计：文合文化
出版发行：延边大学出版社
社　　址：吉林省延吉市公园路977号　　　　邮　　编：133002
网　　址：http://www.ydcbs.com　　　　E-mail：ydcbs@ydcbs.com
电　　话：0433-2732435　　　　　　　　传　　真：0433-2732434
印　　刷：三河市嵩川印刷有限公司
开　　本：710mm×1000mm　1/16
印　　张：13
字　　数：230 千字
版　　次：2024 年 7 月 第 1 版
印　　次：2025 年 1 月 第 1 次印刷
书　　号：ISBN 978-7- 230-06922-9

定价：70.00元

编 写 成 员

主　　编：张　宁　李晓东　卢　健

副 主 编：赵　新　赵　明　文　艳　　胡恒星

编写单位：贵州省建设投资集团有限公司

聊城市市政经营开发中心

潍坊市市政工程设计研究院有限公司

济南黄河路桥建设集团有限公司

枣庄市山亭区路通市政工程有限公司

广东省水利电力勘测设计研究院有限公司

中建三局第二建设（深圳）有限公司

前　　言

随着城市化进程的加速和人民生活水平的提高，市政给排水工程作为城市基础设施的重要组成部分，其施工质量与运行效率直接关系到城市居民的生活质量及城市环境的可持续发展。因此，对市政给排水工程施工与管理进行深入研究，不仅具有重要的理论价值，更具备深远的现实意义。

本书共八章，旨在全面系统地介绍市政给排水工程的施工与管理等方面的知识。第一章和第二章分别介绍了市政给水工程和排水工程的基本概念、规划设计，旨在使读者对市政给排水工程的整体框架有一个清晰的认识。第三章则重点探讨了给排水管道的施工，包括管道安装、验收、冲洗和消毒，以及开槽法、不开槽法施工等内容。第四章和第五章重点介绍了BIM技术和节水节能技术在市政给排水工程中的应用，展示了新技术在推动市政给排水工程发展方面的巨大潜力。第六章、第七章与第八章深入探讨了市政给排水工程管理的相关问题，旨在为读者提供一套完整的市政给排水工程管理解决方案。

《市政给排水工程施工与管理》一书共23万余字。该书由贵州省建设投资集团有限公司张宁、潍坊市市政工程设计研究院有限公司李晓东、济南黄河路桥建设集团有限公司卢健担任主编。其中第一章、第二章、第五章及第六章由主编张宁负责撰写，字数12万余字；第三章、第四章由主编李晓东负责撰写，字数6万余字；第七章、第八章由主编卢健负责撰写，字数5万余字，副主编由赵新、赵明、文艳、胡恒星担任并负责全书统筹，为本书出版付出了大量努力。

　　本书在编写过程中，力求做到内容全面、条理清晰、重点突出，并注重理论与实践相结合。同时，笔者也广泛参考了国内外较新的研究成果和工程实践经验，以保证本书的前沿性和实用性。希望本书能够为读者在市政给排水工程的学习、研究和实践方面提供有益的参考和帮助。

笔者

2024年6月

目　　录

第一章　市政给水工程

第一节　市政给水工程概述

一、市政给水工程的概念及其任务

市政给水工程是城市人民生活生产的生命线，是市政基础工程中的一项重要工程，具有投资额大、施工工期长、质量要求高的特点。市政给水工程也称供水工程。从给水工程的组成和所处位置上讲，可将其分为室外给水工程和建筑给水工程。前者是为满足城市居民及工业生产等用水需要而建造的工程设施，通常包括取水工程、净水工程、输配水工程及泵站，亦称城市给水工程；后者主要是指建筑内的给水系统，包括室内给水管道、供水设备及构筑物等，俗称上水系统。本书只介绍城市给水工程。

市政给水工程的任务可以概括为三个方面：一是保障用户能源源不断地取得满足一定质量标准的原水；二是按照用户对水质的要求进行净化处理；三是按照城镇用水布局，将净化后的水输送到用水区，并向用户配水。

二、市政给水工程的组成

对不同规模的城市和不同的水源种类，进行给水工程任务的侧重点往往有所不同。但通常情况下，市政给水工程是由取水工程、给水处理工程和输配水工程等构成。

（一）取水工程

取水工程的主要设施包括取水构筑物和一级泵站，其作用是从选定的水源（包括地表水和地下水）中抽取原水，将其加压后送入水处理构筑物。目前，随着城镇化进程的日益加速及水资源紧张局势的凸显，城市饮用水取水工程除了包括取水构筑物和一级泵站等设施，还涉及水源选择、水源规划及保护等相关技术。

（二）给水处理工程

给水处理工程的主要设施包括水处理构筑物和清水池。水处理构筑物和清水池常集中布置在净水处理厂（也称自来水厂）内。

水处理构筑物的作用是，根据原水水质将原水适当处理，以满足用户对水质的要求。由于水源不同及用户对水质的要求不同，给水处理的方法有多种。对于一般以地表水为水源的城市，相关处理方法主要有混凝沉淀、过滤、消毒等。

清水池的主要作用是储存和调节一、二级泵站之间的抽水量差额，同时还具有保证原水消毒所需停留时间的作用。

（三）输配水工程

输配水工程包括二级泵站、输水管道、配水管网、储存和调节水池（或水塔）等设施。二级泵站的作用是将清水池贮存的水提升至城市供水网络所需高度，以满足不同区域、不同用户的用水需求。输水管道包括将原水送至净水处理厂的原水输水管和将净化后的水送到配水管网的清水输水管。配水管网是指将清水输水管送来的水送到各个用水区的全部管道。水塔和高地水池等调节构筑物设在输配水管网中，用以调节二级泵站输水量与用户用水量之间的差额，以确保供水系统的平衡与稳定运行。科学技术的不断进步和现代控制理论的迅速发展，有力提升了大型复杂系统的控制和管理水平，也使城市给水系统利用计算机系统进行科学管理成为可能。因此，采用水池、水塔等调节设施不再是城市给水系统的主要调控手段。近年来，我国许多大型城市都构建了能满足用户对水质、水量、水压等多种要求的自来水优化调度系统。这种系统既能提高供水系统的安全性和城市用水的质量，又能节约能耗，具有较高的经济效益和社会效益。

三、市政给水系统的分类及形式

（一）市政给水系统的分类

在给水工程学科中，市政给水系统可按下列方式分类：

按使用目的不同，市政给水系统可分为生活给水系统、生产给水系统和消防给水系统。这是人们在建筑给排水系统上惯用的分类法。

按服务对象不同，市政给水系统可分为城市给水系统和工业给水系统。当工业用水量占城市总用水量的比重较大时，或者工业用水水质与生活用水水质差别较大时，无论是在规划阶段还是建设阶段，都需要独立设置城市给水系统与工业给水系统，以满足供水系统的安全。

按给水方式不同，市政给水系统可分为重力给水系统、压力给水系统和混合给水系统。重力给水系统一般存在于山区城市的给水工程中，这需要水源地与供水区有足够的高差可利用。有的城市水源高程较低，但可以将处理后的自来水输送至高地水池，配水管网可采用重力供水系统。大多数城市供水采用压力给水系统。

（二）市政给水系统的形式

根据城市的地形、大小、水源状况、用户对水质的要求，以及发展规划等因素，人们可采用不同的给水系统形式。常用形式如下：

1.统一给水系统

统一给水系统，即生活饮用水、工业用水、消防用水等都按照生活饮用水的卫生标准，利用统一的给水管网供应给用户的给水系统。绝大多数城市都采用这种系统。

2.分质给水系统

在城市给水中，工业用水所占比例较大，而各种工业用水对水质的要求往往不同。此时，可采用分质给水系统来满足不同要求。例如，生活用水可采用水质较好的地下水，工业用水则采用地表水。分质给水系统也可采用同一水源，对于不同的水质要求，可进行不同的水处理工艺，再将处理过的水送入不同的给水管网。对水质要求较高的工业用水，相关人员可在城市生活给水的基础上，再自行采取一些深度处理措施，以满足特定需求。

3.分压给水系统

当城市地形高差较大或用户对水压要求有很大差异时，可采用分压给水系统。由同一泵站内的不同水泵分别供水到低压管网和高压管网，或按照不同片区设置加压泵站以满足高压片区或高程较高片区的供水要求。对于城市中的高层建筑，则由建筑内设置的加压水泵等增压设施满足用水需要。

4.分区给水系统

当城市规划的区域比较大，需要分期建设时，人们可根据城市规划状况，将给水管网分成若干个区，分批建成通水，各分区之间设置连通管道。也可根据多个水源选择，分区建成独立的给水系统，若存在各区域供水的连通条件，可将其连通，实施统一的优化调度。这种给水系统形式符合城市近远期相结合的建设原则。

5.区域性给水系统

将多个城市或工业企业的给水系统整合为一个统一的、庞大的供水网络，该网络负责统一采集水源，并根据各个城市或企业的具体需求分别向其供水。这样的供水网络被称为区域性给水系统。该系统适用于城市相对集中，且水源相对缺乏的地区。

四、城市用水类型

城市给水工程的核心任务是确保向用户提供充足的水量、确保水质符合相关标准，以及维持稳定的水压。同时，城市给水系统的设计需兼顾城市当前需求与未来发展规划，既要满足用户近期的用水要求，又要预留发展空间，以适应城市未来的发展。概括起来，城市用水可分为如下四种类型：

（一）生活用水

生活用水包括住宅、学校、部队、旅馆等建筑内的饮用、洗涤、清洁卫生等用水，以及工业企业内部工作人员的生活用水和淋浴用水等。生活用水量随着当地的气温、居民的生活习惯、市政供水压力等方面的变化而有所不同。

我国幅员辽阔，各地具体条件不同，影响用水量的因素也不尽相同，且城市中建筑的高度参差不齐，对水压的需求也各不相同，因此，为了确保供水系统能够全面服务于整个城市的用水需求，管网中的水压必须满足最小服务水头的要求，以确保所有用户都能获得稳定、充足的水流。

所谓最小服务水头，是指配水管网在用户接管点处应维持的最小水头（从地面算起）。当按建筑层数确定生活用水管网的最小服务水头时，一层为10 m，二层为12m，二层以上每加一层则增加4 m。应当指出，在规划城市供水管网时，相关人员不必将局部高层建筑物或位于高地的建筑物所需的高水压作为整个管网设计的控制条件。通常情况下，为满足这些特殊位置建筑物的供水需求，相关人员应在建筑内部安装加压装置来确保供水。工业企业内工作人员的生活用水量和淋浴用水量，应根据车间性质和卫生环境确定。

（二）生产用水

生产用水是指工业企业在生产过程中使用的水。例如：火力发电厂的汽轮机、钢铁厂的炼钢炉等的冷却用水，纺织厂和造纸厂的洗涤、印染等用水，食品工业用水，铁路和港口码头等用水。根据相关统计，在城市给水中工业用水占比较大，为了适应节能减排的发展趋势，工业企业需要不断改进生产工艺，以减少生产用水量。

工业企业生产工艺多种多样，而且工艺的改革、生产技术的不断发展等都会使生产用水的水量、水质和水压发生变化。因此，在设计工业企业的给水系统时，相关人员应参照以往的设计和同类型企业的运转经验，通过对当前工业用水进行调查，获得可靠的第一手资料，以确定需要的水量、水质和水压。这一环节是非常重要的。随着城市工业布局的调整，很多大型企业从城市中心外迁，形成独立的产业园区，这使分区、分质供水成为可能。

（三）消防用水

消防水是人们为了应对火灾等紧急情况而专门准备的水资源。虽然消防用水对水质没有像饮用水那样的严格要求，但仍然需要满足一定的清洁度标准。城市消防用水通常由城市给水管网提供，并按一定间距设置室外消火栓，以便在紧急情况下使用。对于高层建筑，除了由室外给水管网提供水源外，还需要设置加压设备和水池，以确保有足够的消防用水量和水压。

（四）市政用水

市政用水包括道路清扫用水、绿化用水等。市政用水量应根据路面、绿化、气候、土壤等当地实际情况和有关部门的规定确定。市政用水量将随着城市建设的发展而不断增加。随着城市雨水利用技术及废水综合应用技术的进步，市政用水中的一部分也可由雨水收集净化系统和中水系统提供。

第二节　给水工程规划的意义

给水工程是城市建设和发展的重要组成部分，也是城市的基础设施。给水工程规划是为了确保供水安全而精心设计的，其目的在于构建经济、合理的供水管线网络，以满足人民群众日益增长的生产和生活用水需求，并确保为人民群众提供高质量的用水。

我国自古就非常注重水利建设，从农业灌溉到城镇居民的生活用水，无一不依赖于国家精心规划与建设的水利工程。但目前国内部分给水项目缺乏合理的水资源规划和设计，很多城市的给水系统仅能满足项目建设初期和后期的用水需求，随着城市的发展，给水系统的压力急剧增加。所以，给水工程的规划不仅要着眼于建设阶段的用水需求，还要从长远的角度来考虑。换句话说，给水工程的规划既要考虑城市几十年的发展，又要兼顾环保、节能等可持续发展的要求，这样才能让给水工程的建设有更大的实际意义，避免因重复建设而产生资源浪费的现象。

具体而言，给水工程规划的意义如下：

一、保障城市用水安全与稳定

（一）确保水质安全

给水工程规划包括对水源地的选择和保护，以及对水处理工艺的规划和设计。科学的规划，有助于确保水源地的水质符合标准。采用先进的水处理技术和设备，可提高出厂水的水质，保障居民饮用水的安全。

（二）提升供水能力

随着城市化进程的加快，城市用水需求不断增长。给水工程规划通过合理布局净水处理厂、泵站和输水管网，提升供水系统的整体供水能力，可确保在高峰用水时段也能满足居民的用水需求。

（三）增强系统韧性

给水工程规划可通过增加备用水源、建设应急供水设施等措施，增强供水系统的韧性和抗风险能力，确保在特殊情况（如遇到突发事件或极端气候条件）下城市用水的持续稳定供应。

二、促进城市可持续发展

（一）优化水资源配置

给水工程规划应坚持"节水优先、空间均衡、系统治理、两手发力"的治水方针，通过优化水资源配置，提高水资源的利用效率，减少浪费和损耗，为城市的可持续发展提供有力支撑。

（二）支持城市发展规划

给水工程规划与城市发展规划关系密切。要根据城市未来发展的趋势和用水需求的变化，合理规划给水系统的建设规模和布局，确保给水系统能够与城市发展相协调，支撑城市的可持续发展。

三、保护生态环境与水资源

（一）保护水源地生态环境

给水工程规划通常注重对水源地生态环境的保护。给水工程规划通过划定水源保护区、实施生态修复等措施，保护水源地生态系统的完整性和稳定性，防止水源受到污染和破坏。

（二）减少环境污染

科学合理的给水工程规划，可以减少废水排放和污染物扩散对环境造成的污染。比如，提升对雨水的收集和利用水平，有助于减轻城市排水系统的压力，改善城市水环境。

四、提高城市管理与服务水平

（一）提升管理效率

给水工程规划通过引入信息化、智能化等现代科技手段，提升供水系统的管理效率。例如，建立智慧水务平台，实现对供水系统的实时监测和远程控制，提高故障响应速度和处理能力。

（二）提高服务水平

科学合理的规划，可以确保供水系统稳定可靠地运行，降低停水、漏水等问题的发生频率。同时，规划还可以考虑增设供水服务网点、优化缴费方式等措施，提高供水服务的便捷性和满意度。

五、推动科技创新与产业升级

（一）促进技术创新

给水工程规划鼓励和支持技术创新，这有利于推动水处理技术、管网监测技术等方面的进步。技术创新能够提高供水系统的运行效率和稳定性，降低运行成本和可能存在的环境风险。

（二）带动产业升级

给水工程规划的实施可以带动相关产业的发展和升级。例如，水处理设备制造业、智能水务系统等相关产业将得到快速发展，形成产业链上下游的协同发展态势。

综上所述，给水工程规划对于保障城市用水安全与稳定、促进城市可持续发展、保护生态环境与水资源、提高城市管理与服务水平以及推动科技创新与产业升级等方面都具有重要意义。因此，我们应该高度重视给水工程规划工作，确保规划的科学性、合理性和可行性。

第三节　给水管网的规划设计

给水管网是指将原水送至净水处理厂或取水构筑物，然后再输送给用户的管道系统，包括输水管道和配水管网。由前文可知，输水管道包括将原水送至净水处理厂的原水输水管和将净化后的水送到配水管网的清水输水管。配水管网是指将清水输水管送来的水送到各个用水区的全部管道。

一、给水管网的布局

城市给水管网的布局主要是依据城市地形地貌规划的，旨在科学确定管道的延伸方向与铺设位置。相关人员应精心构建包括主干管道相互连接在内的网络体系，并确保这些主干管道能有效地将水资源从源头输送到千家万户，通过密集的配水管网实现最终供给。在初期的规划与设计阶段，工作的重点通常放在优化主干管道之间的连接布局上，以确保整个供水系统的稳定性和高效性。这样的布局策略不仅能满足城市发展的基本需求，还可以兼顾城市未来可能的扩展与升级，为城市的持续繁荣提供坚实的水资源保障。

（一）给水管网布局的一般要求

①相关人员应按照城市规划的要求，对管网进行布局。在布局上，也要考虑到管网分期施工的可能性，并留出足够的发展空间。

②为了便于使用者取水，管网必须覆盖整个给水区。

③在管网布局方面，相关人员须确保给水系统的安全可靠，在局部管网出现事故时，力争断水范围较小。

④相关人员应尽可能地在最短的距离内铺设管网，从而减少管网的建设成

本和给水成本。

值得注意的是，在实践中，上述要求中的后两点有时是相互矛盾的。相关部门想要建立安全、可靠的供水系统，就应采用环状管网；想要节省资金，则应使用树状管网。对于环状管网来说，在任何一条管道被破坏时，工作人员都可以用邻近的阀门将受损管道部分的水流截断，同时水仍能从其他管道输送到下一条管道，这样就减少了断流面积，提高了供水的可靠性；而对树状管网来说，任何一根管道的破坏都会导致后续的部分出现给水中断，从而使其供水可靠性降低。但是，在相同的给水目标下，树状管网的总长度要比环状管网短，因而成本更低。

在进行给水管网布局时，小城市可选用树状管网，然后根据城市发展，逐渐形成环状管网。大中型城市，一般采用树状管网和环状管网相结合的形式，即在城市中心地带的给水管网，以环形的方式分布；在城市外围和近郊的给水管网，以树状的方式分布。

需要注意的是，管道的成本不仅与管道的长度、直径有关，还与管道的结构状况有关。所以，在进行给水管网布局时，相关人员除考虑给水管网布局的合理性外，还要考虑穿越地形、地质条件及穿越各类障碍的难度。

（二）给水管网布局的要点

城市给水管网的布局要综合考虑城市的布局、供水区的地形、水源、调节构筑物的位置、街区和使用者的分布情况，以及河流、铁路、桥梁等的位置等。总的来说，给水管网布局的要点有以下几个：

①干管应沿主要供水方向延伸。供水区的主要供水方向的确定通常依据供水区内的用水户和水塔等调节构筑物的布置。在没有大型水厂和调节构筑物的情况下，供水区的主要供水方向应根据中央用水区的位置来确定。

②沿主给水方向铺设一条或多条平行的干管。管道应该沿着最短的路线进行铺设，尽可能地进入主要用水户、调节构筑物或用水中心，并尽可能地穿过

耗水量大的区域。干管间距可按小区面积及给水可靠度的要求，取500～800 m。

③在并行干管间一般要设连接管。当管网输送条件发生变化或个别干管受损待修理时，工作人员可以利用这些连接管对干管间的流量进行再分配，以减少停水区域面积，确保供水安全。连接管的间隔可以视小区规模和给水可靠性的需要而定，通常取800～1 000 m。

④对于城市的边远地区或市郊，一般使用树状管道供水；对于个别用水量大、供水可靠性要求较高的偏远地区，也可采用双管供水。

⑤在干管和连接管中，一般在主要道路的人行道和工厂（或车间）前的路边，设置分配管。如果干管之间的间隔很大，或者为了提高单元供水的可靠性，可以在环状管网中设置分配管。

⑥管网布局应与城市发展计划密切联系，要考虑到城市未来发展和管网分期施工的可能性。同时，对树状管网的布局，相关部门还要考虑其以后能否形成环状管网，从而逐步提高供水的可靠性。

⑦管网布局还应该考虑一系列具体问题。例如：管线一般应按照规划的道路进行布局，并尽可能地避开较高的路面或主要的车道；管线在地面上的位置和高度，管线与建筑物、铁路和其他管道之间的水平或竖直距离，都要遵守相关的规范；等等。

二、给水管网流量的分配

给水管网流量分配是指在供水系统中，按照供水系统的要求，将给水管网的流量分布在各类管道（一般只限制在干管和连接管道）中。这是给水管网设计与计算中的一个关键环节。

给水管网流量的分配方式有两类：一是根据管道尺寸来确定管道的流量分配；二是在进行水力计算时进行流量分配。这两种分配方式因其分配目标的不同而存在很大差异。这里只对前者进行探讨。

在城市给水管网中，用户的集中用水量通常被视为邻近节点的流量。在分配流量时，相关人员要针对不同的管网，采用不同的分配方式。

对于单水源的树状管网，从水源到节点，仅有一条流向，所以每条管道的流量都是这条管道之后（即沿水流方向下游）所有节点和管道水量的总和。

在环状管网中，由于水源向各个节点输送水的管道往往不止一条，所以不能像单一水源的树状管网那样，每个管道都会有一个特定的流量数值，但也有不同的分配。在多个并行的干管中，一般一条管道的流量较大，而另一条管道的流量较小，这样可以节约成本，但会与安全用水的要求发生冲突。在流量较大的干管需要维修时，其他干管需要传输大量的水，此时这些干管的水头损耗会很大，从而对整个管网的供水或水压造成一定的影响。在目前的管网成本指数下，环状管网并不能满足最优的流量分布。在环状管网中，当环状网络中的一些管段流量为零时，可以实现最经济的分配，但不能保证其能可靠供水。所以，在环状管网的流量分配中，相关人员通常是从工程实际出发，在考虑节点的流量均衡状况，以及管网的供水安全和节省投资等因素的基础上，确定各个管段的流量。

综上可知，环状网络的流量分配可按下列步骤进行：

①相关人员首先根据管网的主要供水方向，初步拟定各管段的水流方向。

②为了实现安全可靠的供水，相关人员要在并行干管上尽可能均匀地分配流量。在这样的情况下，如果一个干管发生损坏，其他干管需要增加传输量时，它们的负荷不会太大。

③为节约投资，相关人员可以在连接管上分配较小的流量。连接管的主要功能是输送并联管道的流量，有时甚至可以将水直接输送给用户。通常情况下，连接管的流量较小，只有当干管发生故障时，才会有更大的流量。因此，连接管上可分配较小的流量。

由于给水管网中的管线往往是错综复杂的，而且用户数量很多，位置也不是很集中，所以相关人员需要根据具体情况灵活分配流量。在多水源的给水管网中，要按每个水源的供水量来确定大致的供水范围，在此基础上确定各水源的供水边界。此外，还要从各个水源出发，按主要供水方向确定各管道的流向，同时根据节点流量均衡的情况，结合安全用水和节省投资的需要，对各节点流量进行分配。在供水区域的分界线上，各个节点的水流常常是由多个水源共同提供。

通过对给水管网的流量进行分配，相关人员可以得到各个管段的计算流量，从而确定各管段的管径。

三、给水管材的选择

为满足社会经济发展的需要，给水工程逐渐增多。其中，给水管道工程占总投资的比例最高（通常为50%～70%）。在给水工程投入使用后，管道漏水、破损、检修、维护等都会带来大量的运行成本。在给水管材品种繁多的今天，合理地选用管道的样式和材质，对节约工程建设成本、降低工程运营成本、提高给水可靠性起着十分重要的作用。

（一）各种给水管材的性能与应用

1.铸铁管

铸铁管可分为普通铸铁管和球墨铸铁管。

（1）普通铸铁管

普通铸铁管亦称灰口铸铁管，其耐久性好，抗腐蚀，密封效果好，安装方便。但是，它的质地比较脆，不耐受震动和弯曲，重量也比较大。在地基较好、无震动的地区，普通铸铁管一般是适用的。普通铸铁管有两种连接形式，一种是法兰式，另一种是承插式。法兰式由于连接方便，易于拆装，所以被广泛用于泵站、水塔、水池等附属管线和室外的管道。但法兰式接口容易锈蚀，不能直接埋入土壤。埋设管道时常用的是承插式接口，其设计多为硬质结构，承插口部位常采用橡胶圈配合膨胀水泥、石棉水泥或铅等材料进行密封处理。然而，一旦管沟地基出现不均匀沉降的情况，这种承插口结构极易受到应力集中的影响，从而导致接口处产生裂缝，进而引发渗漏问题。

在国内的供水工程中，普通铸铁管已经被大量使用。根据相关资料，目前国内80%的中小型给水管道都采用普通铸铁管。由于普通铸铁管在材质及接口设计上存在固有缺陷，其在作为给水管道使用时，会频繁出现漏损和爆管等情况，导致较高的经济损失。鉴于这一状况，普通铸铁管正逐渐面临为其他更为优质、耐用的管材所取代的趋势。

（2）球墨铸铁管

球墨铸铁管采用了一种新型材料。球墨铸铁管除具有与普通铸铁管相同的抗腐蚀性能之外，还具有其他优点。球墨铸铁管因其高强度、高韧性等特点，具有一定的伸缩性、挠性，并具有很好的抗爆性和抗震性。球墨铸铁管的韧性比普通铸铁管好，在运输和搬运时能承受撞击，破损率非常低（接近于0）。另外，球墨铸铁管的经济性能也比普通铸铁管好。尽管球墨铸铁管的单价（元/吨）高于普通铸铁管，但是，球墨铸铁管的管壁较普通铸铁管薄，平均单位质量是普通铸铁管的1.7倍，而且球墨铸铁管（包括连接件）的施工要比普通铸铁管简单，运输和安装时的损失率能够降低到0（普通铸铁管在运输和安装中的损坏率通常在5%～10%）。因此，使用球墨铸铁管的综合成本要低于普通铸铁管。

2.钢管

钢管分为两类：无缝钢管和有缝钢管。通常用于供水管线的是有缝钢管。这类管材具有耐高压、韧性好、壁薄、质量轻、便于运输、单管长、管接口少等特点。但是，其价格较高，不耐腐蚀，使用寿命较短。在室外给水工程中，人们一般仅在管道和水压较高、受地质条件限制或穿越铁路、河谷和地震区域时才会采用有缝钢管。

　　钢管的连接一般分为焊接和凸缘连接两种。钢管焊接具有接口少、施工速度快等优点，因此一些中、小口径的室外给水管道也会使用钢管。室内给水管道一般采用直径为15～100 mm的螺旋镀锌钢管。这类管道的内外表面都涂有一层锌，用于减缓腐蚀。研究结果显示，尽管镀锌处理能在一定程度上保护钢管免受腐蚀，但这种保护作用并非永久且全面的。镀锌钢管在使用一段时间后，仍然会出现腐蚀和结垢的现象，这不可避免地会对流经其中的水流造成一定程度的影响。如今，新型的替代材料，如铝塑管、塑料涂层钢管等，已在我国室内给水工程中得到广泛应用。

　　3.水泥压力管

　　水泥压力管一般有三类，即预应力钢筋混凝土管、自应力钢筋混凝土管、石棉水泥管，最常见的是预应力钢筋混凝土管。石棉水泥管对水质的影响较大，目前已不再作为给水管使用。总的来讲，水泥压力管的成本低廉，不容易发生腐蚀、结垢，输送能力可以在很长一段时间内维持稳定。钢筋混凝土管，以其承插式橡胶圈柔性接口为特点，展现出了对多种基础条件的良好适应性。使用钢筋混凝土管不仅可简化施工流程，也便于安装作业的进行。然而，这种管材也存在一些明显的缺点：其质量较大，导致搬运和安装时较为费力；同时，材质相对质脆，容易在受到砸击或摔落时受损；此外，对于高水压环境的承受能力有限，这也使得在需要断管或引接分支管时会面临一定的困难。

　　从20世纪60年代起，我国在室外给水工程中逐渐采用水泥压力管。根据相关数据，目前国内的大直径给水管道中，预应力钢筋混凝土管的占比超过50%。大量的生产实践证明，尽管预应力钢筋混凝土管具有许多优点，但其承载力低，爆管事故发生率高。随着某些高质量管材的问世，其应用领域在逐渐缩小。

　　20世纪80年代，我国开始研制预应力钢筒混凝土管（PCCP）。PCCP管体中心是厚度为1～2 mm的钢板。这类管材的事故发生率较低，成本略高于预应力钢筋混凝土管，但其耐腐蚀，是大型输水管道中比较理想的管材。

4.塑料管

塑料管材一般分为硬聚氯乙烯和聚乙烯塑料管。塑料管质量轻、耐腐蚀、不结垢、输送阻力小、运输方便、价格低廉。

近年来，得益于先进生产工艺的引进与应用，我国制造的众多塑料管的性能有显著提升。这些塑料管不仅展现出了卓越的抗压能力，还具备出色的耐老化特性，从而大大延长了使用寿命。同时，它们均符合无毒、安全的标准。

在连接方式上，这些塑料管广泛采用了扩口承插式连接技术，并配备柔性胶圈。这种设计不仅简化了施工流程，提高了安装效率，还确保了连接的牢固性与密封性，使得施工过程更加方便且可靠。此外，相较于传统材料，塑料管材在生产与安装上的综合成本更为低廉，这为各类工程项目提供了经济高效的解决方案。

5.玻璃钢管

玻璃钢管也称玻璃纤维增强塑料管，具有耐腐蚀、不结垢、低输送阻力的特点，采用套管接口方式，施工方便。玻璃钢管可根据用户的各种特定要求，诸如不同的流量、不同的压力、不同的埋深和载荷情况，设计制造成不同压力等级和刚度等级的管道。

（二）影响给水管材选择的主要因素

选择给水管材时，相关人员除要熟悉各种给水管材的性能及其应用情况外，还要考虑下列因素：

1.水管所需承受的水压

每种水管都具有一定的承压性能，有些管道具有特别优良的承压性能，如钢管、球墨铸铁管；有些管道承压性能较差，如水泥压力管、塑料管等。所以，相关人员必须在充分考虑各种安全因素的情况下，按实际需要承受的水压来选择水管。

2.水管所需通过的流量

在需要通过超大流量、技术经济条件有限的情况下，水管的尺寸和流速是影响给水管材选择的一个重要因素。近几年来，国内许多大流量、长距离输水工程都采用了钢管和矩形截面钢筋混凝土管，一方面是因为其性能良好，另一方面是因为其管径可以足够大。

3.铺管地区的地质情形

水管通常铺设在地下，但因材料不同，其耐腐蚀、抗弯性能也不尽相同。例如，钢管耐腐蚀性能差，但抗弯曲性能好；水泥压力管和塑料管耐腐蚀性能好，但抗弯曲性能差。所以，水管铺设区域的地质条件（例如土壤的腐蚀性和承载能力）应该成为影响给水管材选择的重要因素。一般情况下，在一些土壤有腐蚀性的区域，应优先选择钢筋混凝土压力管、塑料管、玻璃钢管等。在软弱地基上进行管道建设时，应选择具有良好的防腐蚀性能和抗弯曲性能的球墨铸铁管，从而有效延长管道的使用寿命，减少供水事故。

4.管线造价与经营费用

选用的水管必须首先达到技术和应用方面的要求。但是，能满足这些要求的水管往往不止一种，因此，在选择水管时，经济性也是一个重要的影响因素。经济上的优势通常源自一个综合考量，即水管成本与运营成本的长期对比结果。水管成本涵盖了从材料采购、运输、安装到使用过程中自然损耗等各个环节产生的所有费用。而运营成本，主要涉及因水管漏水、破损而进行的维修、更换费用和其他间接成本。所以，在选择水管时，相关人员既要考虑水管的成本，又要考虑运营所需成本，否则，很难在经济层面作出正确的抉择。

有些水管的价格较高，但是其他的成本比较低；有些水管价格不高，但是所需的其他费用较高。比如目前在我国给水管材中，具有较强经济竞争力的是塑料管和钢筋混凝土压力管，其中塑料管的优势尤为突出。球墨铸铁管与普通铸铁管、钢管相比，在经济性上也有很大的优势。而玻璃钢管，虽然成本与钢管不相上下，但是由于经营成本低，在实际应用上比钢管更具竞争力。

5.其他因素

在选择给水管材时，相关人员除了需要考虑上述因素，还应考虑管道供应的便捷性、铺管方式的具体要求等。理想的管材应易于采购，且供应商能提供稳定的供货量，以确保工程不会因为材料短缺而延误。铺管方式直接决定了管材的选择范围，不同的铺管方式对管材的材质、强度、耐腐蚀性、柔韧性及连接方式等有着不同的要求。

四、给水管网改扩建

在城市给水管网中，管网的改扩建是比较普遍的问题。管网改扩建工程的设计和计算过程与新建管网基本一致，但具有一定的特殊性。这里简单地阐述两个需要重点处理的问题：

（一）现有管网核算

现有管网核算是给水管网改造和扩建的依据。利用现有管网的计算方法，相关人员可以得到管网各泵站的流量、扬程、节点流量、管段流量、水头损失和摩擦阻力系数等数据，从而为管网改扩建设计提供重要依据。

目前，我国管网的实际绘图往往较为复杂，管网有少量管径较大的管线，也有数量较多但管径较小的管线。把所有管线的相关数据统统计算出来是没有必要的，而且几乎是不可能的。所以，在进行管网改扩建时，相关人员应对现有管网进行适当的简化，保留主干管，将一些较小、相互平行、相邻的管线进行整合，这样既能基本反映实际的管网图形，也有利于减少计算工作量。

在利用现代计算机对现有管网进行核算时，为了确保计算结果的精确性，相关人员在简化管网时应采取谨慎态度，尽量保留直径较小的管道。在核算现有管网的基础上，相关人员还要对现有的管网进行设计，这包括考虑水泵的特征，以及明确管道阻力、水塔和水池的表面标高、节点流量等多个参数。在上述参数中，只有水塔或水池的表面高度比较容易测定，其余的测定均比较困难。

1.节点流量

设置给水管网节点的目的是对城市给水系统进行归纳和简化，其中，节点流量是反映城市用水量的一个重要指标。在核算现有给水管网时，首先要解决的一个问题是如何在不同的供水条件下，确定各管网的节点流量。这在当前仍是一个十分棘手的问题。

简单来说，首先，根据各自来水公司近几年每月的用水量数据，选出一批高用水量客户，然后将其每月（年）的用水量分别计入邻近节点；或者按照水力学的原理，将其转换为管道两端的节点流量。其次，将大量小型用户的用水量和漏水量之和，即泵站月（年）平均时用水量与大用户月（年）平均时用水量之差作为沿线流量，折算到每一个节点，由此可得管网各节点月（年）平均时流量。最后，利用管网泵站每天的供水数据，计算出每月（年）的供水流量变化系数，用变化系数乘以每个节点月（年）的平均时流量，可以求出每个月（年）中每天（时）管网各节点的流量。很明显，这种方法只能得到大概的节点流量值。

2.管道摩阻系数

管道摩阻系数是管道长度、管径和管壁粗糙系数n的综合体现。在这些管道中，管道长度不会随使用年限的延长而改变。新铺设管道的管径和粗糙系数n较为精确，因此摩阻系数S更接近于实际情况。由于管道寿命的延长和水质问题，管道的内壁容易发生腐蚀和存在污垢，从而造成管径减小、管壁粗糙度增大、管内摩阻系数S增加。根据一些地区的经验，$10 \sim 20$年后，钢管表面的粗糙系数n可提高到$0.016 \sim 0.018$；内壁未除衬里的铸铁管在使用$1 \sim 2$年后，粗糙系数n可以达到0.025；但对于具有较高抗腐蚀性的钢管，即使经过长时间的使用，其粗糙系数n也会保持不变。因此，现有管网改扩建工程的设计和计算，不能简单地按新铺设管道的摩阻系数，而应根据不同的水管类型、衬里、使用条件、安装时间等因素，分别加以处理。对于长期使用和耐腐蚀性较弱的管线，必须测量其摩阻系数。在需要测量的管道数量较多的情况下，相关人员应按管材管径、使用条件和安装时间等的不同，对不同类型的管道进行测量。

3.数值偏差调整

在以上计算参数确定以后，就可按前述节点方程法对现有管网进行核算。计算结果包括各节点水压、管段流量、水头损失、水泵扬程等。经验表明，使用这些方法得出的数值与实际测量值有很大差异。一开始，人们认为造成这种情况的主要原因有两种：一是简化了的管网图与真实的管网有一定的距离，二是计算结果与实测数据有较大偏差。但是通过进一步的研究，相关人员发现管网图的简化并非造成这种情况的主要原因。在计算参数时，如果相关人员能够经常检测泵的性能和摩阻系数，那么这两者就可以得到较为可靠的测量值；但对于节点的流量，则很难得到可靠的数值，因为随着用水量的改变，流量会随时发生改变。目前普遍认为，计算结果与实测数据有很大的差异，主要是由于节点的流量与实际值有较大偏差。因此，要想消除或减小计算结果与实际测量数据的差异，相关人员就必须着手于减少（或调节）节点流量与其客观实际值之间的偏差。

通常采取的方法是：首先，在管网的不同位置合理设置这些测量点，以便能够准确地监测到各关键节点的压力状况和水流情况。随后，在确保满足管网运行的基本条件的前提下，通过技术手段对测压点上的实际计算压力及测流点上的流量进行精细调节。这一过程旨在使管网中的流量分布更加接近理想状态，减少不必要的波动和偏差。完成上述调节后，将获得的节点流量数据输入节点方程中进行进一步的计算。进行这一步骤的目的是利用数学模型对管网的整体性能进行综合评估，并基于新的数据对管网的水量分配进行修正和优化。通过这种方法，相关人员不仅可以提高管网核算的准确性，还能够为后续的管网维护、调度及优化提供更为可靠的数据支持。

（二）管网改扩建工程的优化设计

通过对现有的管网进行核算，相关人员可以确定哪些管道需要更换，哪些管道需要扩大直径，甚至还可以确定需要更换的水泵。据此，可以制定管网改扩建工程的相关规划。

管网改扩建工程的优化设计主要包括改扩建管道的布局优化和改扩建管道的管径优化两部分。以改扩建管道的管径优化为例，相关人员需先确定管网、泵站的布局，各泵站的供水量、各节点的流量、管段流量、非改扩建管段的管径、摩阻系数等相关参数，然后再建立相关模型求出改扩建管道的管径。

第四节　给水工程的可持续发展策略

随着城市化进程的加速，给水工程作为城市基础设施的重要组成部分，其规划与管理对于城市的可持续发展具有至关重要的意义。面对日益严峻的水资源短缺和水环境污染问题，制定给水工程的可持续发展策略显得尤为必要。具体可从以下方面努力：

一、对取水口进行上移，避免水源污染

确保给水工程的可持续发展，必须从源头着手。在城市化过程中，一个不容忽视的问题是，由于相关部门规划布局的不合理，大量工业区和住宅区被允许向水源的上游地带迁移。这种迁移现象导致工业废水和生活污水未经充分处理即被大量排放至水体中，从而对原本清洁的水资源造成污染。这种趋势不仅

影响了自然环境的生态平衡，也威胁到了城市居民的饮用水安全。所以，在给水工程的规划中，一定要采取有针对性的对策。

一是将水源的取水口向上游移动。这一举措旨在使水源远离下游可能受到的工业排放、农业面源污染及城市化进程中产生的各类水体污染风险，从而有效保护水源地的纯净与生态健康。向上游迁移取水口，意味着人们能够接入更加清澈、未受或少受人类活动干扰的自然水体。此外，此举还有助于推进水源地周边的生态环境保护工作，通过减少人类活动对水源的直接和间接影响，维护生态平衡，保障水资源的长期可持续利用。

二是在上游开拓新水源。比如浙江省衢州市的常山县，由于常山港水库过于靠近中心城区，受到了严重的污染，于是在上游修建了一座新的蓄水池，将常山港水库作为后备水源，这样既可以保证水源的质量，又可以减少水资源的浪费。

二、针对分区供水情况采取节能降耗措施

给水工程的可持续发展强调对水资源和其他能源的合理使用，必须在保证供水安全的前提下，尽量减少能耗。在地形起伏较大的区域实施给水工程时，相关人员必须考虑分区供水，应根据区域地形差异，合理划分水源，以最大限度地减少供水量的损耗。

除分区供水之外，采用重力效应降低能源消耗、采用新技术进行变频供水等措施，也可以节约水资源。另外，在给水工程规划中，相关人员在确定输水管直径时，必须将经济流量作为参考值，这样才能降低给水损失，达到节约能源，推动给水工程可持续发展的目的。

三、做好水质的预测和消毒管理

给水工程的可持续发展既要注重资源的节约，又要注重"以人为本"，所以给水工程规划需要注重水的质量。重点是对水源水、出厂水、管网水的水质进行检测，并根据相关标准，对检测结果和各项检测指标的变化趋势进行分析，做出预测。

除水质预测之外，对城市饮用水进行消毒处理，也是体现"以人为本"、可持续发展理念的一个重要方面。消毒的方法没有统一的规定，相关人员需要根据给水系统和管网水的水质来选择，同时还要考虑施工现场的实际情况，以及后期的操作和管理的方便性等。同时，根据自来水厂的实际情况，确定消毒剂的投入量，并对出厂水、管网水的水质消毒剂余量进行检测。

综上，随着城市建设和城镇化进程的加快，给水工程规划已不再仅仅是一个项目，而是一个城市建设和发展的重要影响因素，是确保城市可持续发展的战略规划，是保障城市健康和可持续发展的关键。为此，在给水工程规划中应充分考虑可持续发展问题，优化水资源的分配，提高水资源的使用效率，以使给水工程产生最大的综合效益，进而推动城市的可持续发展。

第二章　市政排水工程

第一节　市政排水工程概述

一、市政排水工程的概念及其基本任务

对于在城市生产和生活中产生的大量污水，人们需要及时妥善地加以处理。若将这些污水直接排入水体或土地，会使水体和土壤受到污染，破坏原有的生态环境，从而引起各种环境问题。为保护环境和提高城市生活水平，现代城市需要建设一整套工程设施来收集、处理、输送雨水与污水。这种工程设施被称为排水工程。

排水工程的基本任务是保障城市生活、生产正常运转，保护环境免受污染，解决城市雨水的排除和利用问题，以促进城市经济和社会发展。具体来说，包括下列三个方面：①收集各种污水并及时输送至适当地点；②将污水妥善处理后排放或再利用；③收集城市屋面、地面雨水并排除或利用。

二、市政排水工程的作用

排水工程是城市的基础设施之一，在城市建设中起着十分重要的作用。

第一，排水工程的合理建设有助于保护和改善环境，消除污水的危害，它

是保障城市健康运转的关键因素。随着现代工业的发展和城市规模的扩大，城市的污水量日益增加，污水成分也日趋复杂。城市建设必须注意经济发展过程中出现的环境污染问题，并解决好污水的污染控制、处理及利用问题。

第二，排水工程在国民经济和社会发展中扮演着至关重要的角色，发挥着重要作用。水是非常宝贵的自然资源，它在人们日常生活和工农业生产中都是不可缺少的。许多河川的水都不同程度地被其上下游的城市重复使用着，当水体受到严重污染时，势必会降低淡水水源的使用价值或增加城市给水处理的成本。为此，相关部门通过建设城市排水工程，以达到保护水体免受污染，使水体充分发挥其经济效益和社会效益的目的。同时，运用相关技术，使城市污水资源化，也是节约用水和解决淡水资源短缺问题的一种重要方法。

总之，在城市建设中，排水工程对保护环境、推进城市建设具有重大的现实意义和深远的影响。相关部门应当充分发挥排水工程在我国经济建设和社会发展中的积极作用，确保经济建设、城市建设与环境保护工作能够同步规划、并行实施、协调共进，以此实现经济效益、社会效益及环境效益三者之间的高度统一。

三、排水系统的类型及其选择

（一）排水系统的类型

生活污水、工业废水和雨水既可采用一个管网系统来收集和排除，又可采用两个或两个以上各自独立的管网系统来收集和排除。这些不同的收集和排除方式所形成的排水系统，一般分为合流制和分流制两种类型。

1.合流制排水系统

当采用一个管网系统来收集和排除生活污水、工业废水和雨水时，该管网系统被称为合流制排水系统，也被称为合流管道系统，其排水量被称为合流污水量。

合流制排水系统又分为直排式和截流式两种。直排式合流制排水系统，是将排出的混合污水不经处理直接就近排入水体，目前国内外很多城镇的老城区仍采用这种排水方式。随着城市化进程的推进和人们对水环境保护的重视，现在我国城市中最常用的排水系统是截流式合流制排水系统。这种系统需要相关部门在河岸边建造一条截流干管，同时在合流干管与截流干管相交前或相交处设置溢流井，并在截流干管下游设置污水处理厂。在晴天和降雨初期，所有污水都会被送至污水处理厂处理，处理合格后排入水体。然而，随着降雨量的增加，地表径流也会相应增加，当混合污水的流量超过截流干管的最大输水量时，部分混合污水就会通过溢流井溢出，直接排入水体。可见，截流式合流制排水系统比直排式合流制排水系统在污水管理上有了很大提高，但仍有部分混合污水未经处理就直接排放，这是它的不足之处。

2.分流制排水系统

当采用2个或2个以上各自独立的管渠来收集或排除生活污水、工业废水和雨水时，这些管渠被称为分流制排水系统。收集并排除生活污水、工业废水的系统即污水排水系统，收集或排除雨水的系统即雨水排水系统，这就是我们常说的雨污分流形式。

由于排水的方式不同，分流制排水系统又分为完全分流制和不完全分流制两种排水系统。完全分流制排水系统同时建有独立的污水排水管道和雨水排水管道，而且一般建有污水处理厂（站）。而不完全分流制排水系统只建有污水排水系统，未建雨水排水系统，雨水可沿天然地面、街道边沟、水渠等原有渠道排出。相关部门可通过整治原有雨水排洪沟道，来提高排水系统的输水能力，待城市进一步发展后再修建完整的雨水排水系统。

在工业企业中，一般采用分流制排水系统。然而，由于工业废水的成分往往很复杂，它们既不宜与生活污水混合，也不宜彼此之间相互混合，否则将加大污水处理厂处理污水的难度，并对废水重复利用和回收有用物质造成很大困难。所以，在多数情况下，工业企业会采用分流制排水系统排除不同的工业废水。但当工业废水的成分和性质同生活污水类似时，企业可用同一管道系统地排放生活污水和工业废水。

在大多数城市，尤其是较早建成的城市，往往采用混合制的排水系统，既有分流制也有合流制。在大城市中，各区域的自然条件及修建情况可能相差较大，因此相关部门应因地制宜，选择不同的排水系统类型。

（二）排水系统类型的选择

1.环境保护方面

如果采用截流式合流制排水系统，将城市生活污水、工业废水和雨水全部截流送往污水处理厂进行处理再排放，从控制和防止水体污染的角度来看，是较理想的。但若按照将全部污水进行截流计算，则所需截流主干管的尺寸会很大，污水处理厂的处理工作会成倍增加，整个排水系统的建设费用和运营费用也会相应提高。所以采用截流式合流制排水系统时，合理确定截留倍数是均衡水环境保护和处理费用这两个关键因素的重要指标。

《室外排水设计标准》（GB 50014—2021）关于截流倍数的规定：截流倍数应根据旱流污水的水质、水量、受纳水体的环境容量和排水区域大小等因素经计算确定，截流倍数宜采用2～5，并宜采取调蓄等措施，提高截流标准，减少合流制溢流污染对河道的影响。在同一排水系统中可采用不同截流倍数。

实践证明，采用截流式合流制排水系统的城市，水体污染会日益严重。相关部门应考虑将雨天时溢流出的混合污水进行储存，待晴天时再将储存的混合污水全部送至污水处理厂进行处理，或者将截流式合流制排水系统改建成分流制排水系统等。

分流制排水系统通过独立设置的污水管道系统将城市污水全部送至污水处理厂处理，对于城市来说，是较为理想的排水系统。然而，其中的分流制雨水排水系统存在缺点，即初期雨水未经处理就直接排入水体，也会对城市水体造成污染。近年来，国内外对雨水径流水质的研究发现，雨水径流特别是初期雨水径流对水体的污染相当严重。分流制排水系统虽然具有这一缺点，但它较灵活，能够适应社会发展的需要，又相对符合城市卫生的要求，所以在国内外得到了广泛的应用。

2.工程造价方面

国际经验表明，合流制排水系统的造价比完全分流制排水系统一般要低20%~40%，但合流制排水系统中的泵站和污水处理厂的造价却比分流制排水系统的高。从总造价来看，完全分流制排水系统比合流制排水系统可能要高。从初期投资来看，不完全分流制排水系统初期只建污水排水系统，因而可节省初期投资费用，又可缩短工期，从而使工程更快地发挥效益。而合流制排水系统和完全分流制排水系统的初期投资均大于不完全分流制排水系统。

3.维护管理方面

对于合流制排水系统来说，晴天时污水只是部分充满管道，雨天时才形成满流，因而在晴天时，合流制排水系统内水的流速较低，易产生沉淀。经验表明，排水管中的沉淀物易被暴雨冲走，这样合流管道的维护管理费用可以降低。但是，晴天和雨天时流入污水处理厂的水量变化很大，这大大增加了污水处理厂运行管理的复杂性。而分流制排水系统可以相对保持排水管内水的流速，不致发生沉淀，同时流入污水处理厂的水量比采用合流制排水系统的变化小得多，污水处理厂的运行易于控制。

总之，排水系统类型的选择是一项复杂且极为重要的工作。相关部门应根据城市及工业企业的规划、环境保护的要求、污水利用情况、原有排水设施、水量、水质、地形、气候和水体状况等条件，在满足环境保护的前提下，通过技术比较、经济分析和效果评价，综合确定排水系统的类型。新建地区一般应采用分流制排水系统，但在特定情况下采用合流制排水系统可能更为有利。

四、排水系统的主要组成

（一）污水排水系统的主要组成

1.室内污水管道系统及设备

室内污水管道系统及设备的作用是收集生活污水，并将其送至居住小区的污水管道中。

在住宅及公共建筑内，各种用水设备既是人们用水的器具，也是承接污水的容器，还是生活污水排水系统的起端设备。生活污水从这里经水封管、支管、立管和出户管等室内管道系统排入室外或居住小区内的排水管道系统。

2.室外污水管道系统

室外污水管道系统是分布在地面下，依靠重力流原理输送污水至泵站、污水处理厂或水体的管道系统。它又分为街坊或居住小区管道系统及街道管道系统。

（1）街坊或居住小区污水管道系统

街坊或居住小区污水管道系统是指铺设在一个街坊或居住小区内，并连接一群房屋出户管或整个小区内房屋出户管的管道系统。

（2）街道管道系统

街道管道系统是指铺设在街道下，用以排除从居住小区管道流来的污水的管道系统，通常由支管、干管、主干管等组成。在排水区域内，人们常按分水线将其划分成几个排水流域（对于地势平坦、无明显分水线的城市，则按大小划分）。在各排水流域内，支管负责输送由街坊或居住小区流来的污水；干管负责汇集输送由支管流来的污水，这类干管也称流域干管；主干管是汇集输送由两个或两个以上流域干管流来的污水，并把污水输送至总泵站、污水处理厂或出水口的管道。管道系统上的附属构筑物包括检查井、跌水井、倒虹管、溢流井等。

3.污水泵站及压力管道

城市污水的输送一般采用重力流形式,重力流污水管道需要有足够大的铺设坡度。随着管道的延伸,排水管道埋深会逐渐增加。排水管道埋深过大时,不仅会导致污水无法排至污水处理厂等目的地,还会增加管道铺设难度及施工费用,这时就需要设置排水泵站。从泵站至高地自流管道或至污水处理厂的承压管段,被称为污水压力管道。

4.污水处理厂

污水处理厂由处理和利用污水与污泥的一系列构筑物及附属设施组成。城市污水处理厂一般设置在城市河流的下游地段,并与居民点和公共建筑保持一定的卫生防护距离,可集中或分散建设。

相关部门一般根据城市规划,了解服务区域的服务面积、服务人口和用水量标准等有关资料,再适当考虑特殊情况(如工厂等排污大户的排污情况),即可确定城市污水处理厂的建设规模。

5.出水口

污水排入水体的渠道和出口即出水口,它是整个城市污水排水系统的终点设施。事故排出口是指在污水排水系统的中途,在某些易于发生故障的组成部分前面(例如在总泵站的前面),所设置的辅助性出水渠。一旦污水排水系统的终点设施发生故障,污水就可通过事故排出口直接排入水体。

(二)雨水排水系统的主要组成

雨水排水系统主要由下列几个部分组成:

①建筑物的雨水管道系统和设备,主要收集工业、公共或大型建筑的屋面雨水,并将其排入室外的雨水管网系统中。

②街坊或厂区的雨水管网系统。

③街道的雨水管网系统。

④排洪沟。

⑤出水口。

收集屋面的雨水，通过雨水口和天沟汇集，并经水落管排至地面；收集地面的雨水经雨水口流入街坊或厂区以及街道的雨水管网系统。

合流制排水系统的组成与分流制相似，同样有室内排水设备、室外居住小区以及街道管道系统。雨水经雨水口进入合流管道。在合流管道系统的截流干管处设有溢流井。

第二节　市政排水工程的施工要点

在市政排水工程的施工中，对排水工程的技术要点进行分析有助于提高施工质量。本节就目前市政排水工程准备阶段的技术要点、施工阶段的技术要点进行分析，希望能对提高市政排水工程的施工质量有一定的参考作用。

市政排水工程是城市的基础设施。随着城市的发展，排水工程的数量在不断增加，规模也在不断扩大。在实际施工中，各有关部门应对施工技术要点进行分析，以确保施工的规范化，改善施工的效果。

一、准备阶段的技术要点

（一）选择排水方式

选择合适、合理的排水方式，是提高市政排水工程效能的重要途径。目前，国内多数城市在选择排水方式时，往往采取分别处理和集中排除相结合的方式。其工作原理是将污水全部排入化粪池，在化粪池进行处理，再将处理后的污水与雨水汇合，然后使其流入下水道，最终流入河道。有关部门的工作人员要充分考虑居民区的污水，也要根据污水的性质，选择合适的排水方式，并且要确保经过处理的污水水质达到国家规定的标准。

（二）排水系统设计

相关人员应根据实际排污量进行排水系统设计，所选用的管道和管径应符合相关规定，以免出现超负荷现象。在管道设计中，应充分考虑不同区域的具体条件，同时应考虑管道直径的大小，以确保排水系统的正常运行。

（三）排水管材的选择

不同的排水管材在不同的生产环节中所担负的排水任务也不尽相同，而且管道埋深、土壤压力、管径等也有很大的差别。所以，要科学地选择合适的管材，以满足生产的需要。

（四）汇污窨井的设计

汇污窨井（通常也称化粪池）的主要作用是将废水进行初步处理，以改善水质，使其达到国家或者地方规定的有关排放标准。由于各城市排水系统在需求、环境等方面有很大的差别，所以有关设计人员在设计时要注意掌握城市的具体情况，以确保汇污窨井的设计能够满足国家或地方规定的相应标准。

（五）道路开挖和设施保护

在市政排水工程的施工过程中，道路开挖是必要的。工作人员在挖道路时，要设置安全警示，并在施工路段设立围挡，这样才能确保施工的安全。在施工时，应按照设计图的要求，首先要打开一个洞口，然后用切割机将路面切开，再用挖掘机进行挖掘，最后将剩余的泥土用卡车运到土场。

二、施工阶段的技术要点

市政工程是关系到人们日常生活的重要城市建设项目，在我国的城市化进程中地位重要。因此，在目前的市政建设中，如何采用科学合理的施工技术来提高施工质量成为一个不可回避的问题。近年来，随着我国经济的高速发展，城市人口迅速增长，大量居民涌入城市，这也预示着我国的城市化进程越来越快。在这种趋势下，排水工程的重要性可想而知。

市政排水工程施工阶段的技术要点如下：

（一）管材质量验收

在施工阶段，工作人员应按照排水工程的设计要求，对各工序的管材进行质量验收，尤其是插口与承接口的内径要保持一致，并对其变形、弯曲等性能进行检验，确认合格并达到设计指标后方可允许其进场。

（二）管道安装施工

1.排水管道施工时的问题

目前，在市政排水管道的施工过程中，经常会出现一些影响施工质量、破坏整体排水性能的问题。主要有以下四个问题：

（1）管道平顺度低

排水管道在铺设完成后，往往会出现不平整、高低起伏的情况。造成这种情况的原因比较复杂，按照目前的技术，管道的铺设必须靠人工完成，机械不可能在狭小的黑暗区域内精确地铺设管道。但由于工人的技术和经验存在差异，难免会造成一些误差。比如在开凿沟渠时，需要工人手工开挖，在深度和宽度等方面就难以精确控制。另外，沟道内空间狭窄，施工时土壤不好控制，人力和机械很难保证施工的精确性。通常，斜坡越大，施工难度就越大，模板安装会越困难，施工质量就很难保证。

（2）管道错位

在施工过程中，经常会出现管道错位的问题。这个问题主要是由以下几种原因造成的：一是工作人员在施工前没有充分了解地形、水文情况，致使计算的结果不够精确，造成较大误差；二是管道在安装后会受到外力的作用，导致错位、倒坡；三是由于长时间降水，管道长期被水流侵蚀，造成自身重量不均匀，从而导致错位。

（3）管道漏水

管道漏水是一个很普遍的问题，其成因也很复杂，其中较为典型的原因是：工程中所用的管道质量不合格，不能承受符合标准的水流量；工作人员在施工时没有精确地对接管道，造成管道的界面承载力薄弱，进而导致接头部位渗漏；地下水的流速和管道对基础的加压会引起基础的漂浮，从而引起管道开裂，最终导致渗漏。管道漏水将会严重影响邻近管道的寿命，甚至会对周边地区的地基、土壤环境造成严重影响。

（4）填料质量差

地基是非常重要的一项内容，承载着整个工程的重力。在排水管道的建设中，地基的质量将会对排水系统的稳定性、耐水性、寿命等产生很大的影响。因此，在处理管道地基的时候，工作人员一定要严格控制填料的质量，确保工程质量达到要求。

2.排水管道施工方面的技术分析

（1）施工前准备

在施工前，设计人员要对工程场地的地形、土壤、水文、交通环境、地标建筑等进行全面的分析，并画出设计图，以尽量避免出现不确定因素，减少错误，加快工程建设。同时，设计人员也要将设计图交给管理人员和施工人员，让他们有足够的时间去熟悉现场环境，以免在没有充分准备的情况下出错。

在施工初期，管理人员、施工人员和其他部门要实时沟通，对各个部门的意见和建议进行分析，对不合适的、不合理的设计部分要进行修改，不能因为不合理的设计影响工程的整体效益。管理人员在施工过程中要定期进行质量检验，确保项目的质量符合要求；要制定相应的应急方案，增强针对意外情况的应变能力；在遇到新的问题时，要冷静思考、快速检查、准确分析，以最快的速度作出应对，以免给工程进度和质量带来严重影响。

（2）放线测量

放线测量是工程施工前的一项重要工作，一旦资料有误，就会对工程进度和工程质量造成很大影响。因此，无论是为了质量还是效率，放线师都要确保测量结果的准确性。提高放线测量的准确性有三种方法：一是任用经验丰富、技术娴熟的放线师；二是采用更先进的放线设备和电脑技术对桩基进行标定；三是采用多次测量法，提取出概率最高、精度最高的数值。

（3）挖沟槽

沟槽挖掘的好坏对施工的成功与否起着至关重要的作用。施工人员在开挖时必须确保管线中心线的精确性，使误差范围尽可能小，最大误差也不得超出规定区间；要尽可能采用机械开挖，以确保精确性，在机械不能抵达的地方，则采用手工开挖。

（4）安装管道

在进行管道安装前，施工人员一定要对钢管的质量、模板的位置、强度等硬性指标进行严格的检查；安装时应严格按照施工图纸进行。在管道安装连接完成后，相关人员须对其验收。验收合格后，施工人员通常采用水泥砂浆在管道两肋进行填充，然后进行界面清洁，最后用湿物包裹管道，并注意在72 h内要定期洒水以保持湿度，防止龟裂。

（5）闭水测试

在管道安装完工后，相关人员为了清楚地检查施工的质量，则须对工程进行封闭试验。对于漏水、移位、下沉的管道，相关部门要安排专门的人员进行检修和调试。若管道不能维修，相关人员就需要对其位置和可能存在问题的部位进行修复。在修复完毕后，相关人员要重新进行封闭试验，直至检查结果完全符合要求，才能允许施工人员进行最后的回填或填充工作。

（三）管道沟槽回填

首先，施工人员要将沟槽清理干净，然后进行管道沟槽的回填；在保证回填土含水量符合要求的前提下，根据不同的排水方向，由高到低依次进行分层回填；在沟槽回填完成后，要对原来的路面进行认真检查，使其恢复到原来的水平，然后由监理工程师进行检测。若因市政排水工程施工而造成路面质量问题，那么有关部门须对路面进行维护、处理，直至责任期满为止。

（四）路面恢复

在路面恢复工程中，主要的工作是铺路。在铺设道路时，施工方要对新铺路面的实际厚度进行测量，再用不同的铺设层数乘上不同的松铺系数，这样就能得到实际路面的高度。路面碾压可分为初压、复压和最终压实三个阶段。在碾压完毕后，有关部门会安排专业人员对路面的平整度进行检查，如不符合要求，则应及时进行处理。在碾压时，压路机的驱动轮要朝向摊铺机，而且碾压的方向要一致。压路机启动和停车时都要放慢速度，这样可以避免路面出现凸起，并能有效控制碾压对路面造成的不良影响。

总之，市政排水工程直接关系到城市运行质量和安全，直接关系到人民的生活品质。所以，相关人员应对市政排水工程的施工技术要点进行认真分析，以提高工程的效率和质量。

第三节　排水管网设计

一、排水管网的布置

进行排水管网布置的目的是在浅的埋深情况下，尽量快速地收集污水，排除雨水。在排水管网布置过程中需要解决的主要问题如下：

（一）划分排水流域

在城市排水区范围内，相关部门依据地势和垂直方向的规划，按分水线将排水区界划分为多个排水流域。对于地势平坦、无明显分水线的城市，可以按区域的大小进行分区，以便在适当的干管深度下，将雨水和污水从集水区中排出。

（二）管网定线

在排水管网的设计中，定线是确定设计是否经济的关键环节。通常首先确定排水口边界，然后按照主干管、干管、支管的顺序依次定线。合流制排水系统的截流干管通常与水体平行，斜坡面向污水处理厂，与干管斜线相交。分流制排水系统的主要排污管道数目由污水处理厂的数目决定，而主干管的数目则由出水口的数目决定。污水和雨水主干管一般设置在市区的最低点，并根据排水管和排水口的位置而定。污水沿主干管流向污水处理厂，雨水沿主干管斜坡流向雨水排水口。无论是针对污水排水系统还是雨水排水系统，相关人员在设置主干管时，应确保污水能靠自流进入各个排水流域的干管。每个排水流域至少有一条干管，这些干管通常被设置在低洼地区，且顺应地势斜坡进行布置。在设置干管时，相关人员必须确保流域内的污水都能自流进入所有分支管道。

支管的布置方式与街道面积、形状、坡度及规划有关。当街道为长方形时，相关人员可以在其下层设置管道。如果街道面积大，又是方形的，相关人员则需要在其周围设置管道。当街道规划确定，并有足够的空间供管道铺设时，相关人员可以将支管直接插入街道中。

（三）确定管道在街道上的位置

排水管道一般沿道路铺设。现代化城市的道路下面有多种管线（如给水管、污水管、雨水管、煤气管、供热管、电力电缆、通信电缆）。当街道宽度在40 m以内时，通常仅铺设一条污水管道和一条雨水管道，排水管道应设置在沿街排水管多、排水量大、地下管线较少的地方；在路面宽度超过40 m的情况下，为了缩短连接支管的长度，减小与其他管道的交叉，可以在道路两侧铺设污水管道、雨水管道。中央有隔离区的路段，可以在隔离区下面设置雨水管道。

为了避免排水管道的维修对城市的交通造成较大影响，排水管道应该尽可能远离快车道。为了避免管道渗漏对其他管线和建筑物的地基产生影响，排水管道应与其他管线及建筑物保持一定的距离。

（四）处理好控制点管道埋深

控制点是控制整个管网埋深的重要因素。在确保污水能以自流方式顺利接入街道排水管道的前提下，相关人员应尽可能减小控制区内排水管道的埋设深度，这对于降低工程建设成本具有重要意义。如果减小埋深后无法满足规定的最小覆盖层厚度要求，则应采取相应的防护措施。在地势较低的地方，由于重力式排水会导致整个管网的深度过大，相关人员需要对管道局部进行抬高。

排水管道中的水流是一种自重流。根据相关计算公式可知，在水流较大的情况下，在设计坡度时，管道直径较大，则对应的水力斜率较小。在控制点上适当增大管道的排水面积，增大排水量，可以有效地降低管线的斜率，减小下游管线的埋深。

（五）布置连接管

街道下面的排水管很多是在街区规划不明确的情况下铺设的。为了方便居民生活，相关人员会每隔一段距离就设置一条连接管，连接到附属的人行道下，并预留连接管，避免今后街道排水管接入时破坏已建路面。连接管的间距以80～120 m为宜，具体布局要根据街区的面积和街道排水管道的安装要求来确定。在确保小区污水能以自流的方式接入排水管的前提下，连接管的高度要合理，同时也要避免与其他地下管道发生冲突。连接管管径一般为300 mm。

（六）设置泵站

为避免城市局部低洼地区污（雨）水的排放导致整个排水管网的埋深增大，建筑物地下室、人防建筑、地铁车站等处必须设置局部泵站。

由于排水系统通常是利用污水的重力进行自流，所以管线必须沿着水流方向倾斜铺设。在地势平坦的区域，为保证水流顺畅，管线的埋深会逐渐加大。当管道到达一定深度后，工程的造价会大幅上升，技术难度会大大提高，甚至难以实施。因此，必须在地表下设置一个半程泵站，把地下的污（雨）水抬升到离地面较近的地方。排水管网中的水泵应该尽量远离居民楼和需要保持安静的公用建筑物。

二、排水管网设计计算

（一）水力计算

排水管网的水力计算是排水管网设计和计算的重要内容。雨水、污水通常依靠管道两端的高度差而流动。虽然排水管道中流量是变化着的，管道交汇处局部流速下降，跌水处局部流速增大，属于非恒定非均匀流，但在设计流量下直线管段中的流量可近似按明渠均匀流进行水力计算。

（二）基本规定

为保证排水管网投入使用后，管网在运行时水力状况良好（如不易发生堵塞），且能延长使用寿命、降低维护工作量，设计人员在设计和计算中应明确相关的设计参数：

1.充满度

为了确保管道内有害气体的有效排除，并防止在遭遇未预见水量时排水不畅导致污水从检查井溢流，污水管道在设计时应保留一部分不过水的空余断面，即采用非满流设计。其中，管道中的水深与管径的比值被称为充满度。

2.流速

污（雨）水在管道中的流动速度较慢时，会使水中的杂质沉淀，从而形成泥沙；当水流速度增加时，会造成对管壁的冲刷，严重时会对管线造成损伤。为了避免管道内泥沙的形成和损伤管线，水流速度不能太小或太大，必须控制在合理的流速范围内。

最小设计流速是指在管道中不会发生泥沙沉积的速度。这一流速与污（雨）水中的悬浮物质组成、颗粒大小及管道排水的便利程度有关。生活污水管道最小设计流速为0.6 m/s。对含有金属、矿物固体或重油的生产污水管道，应适当增大最小设计流速，并按实验或调研结果确定。雨水及合流管道的最小设计流速是0.75 m/s。采用明渠进行清淤，最小设计流速可为0.4 m/s。在地势平坦的区域，为了避免埋深过大，可以适当地减小最小设计流速，但是污水管道的最小设计流速不能低于0.4 m/s，雨水管道的最小设计流速不得低于0.6 m/s。当水流速度达不到要求时，必须设置冲洗井。

最大设计流速是指管道在不受水流冲刷而破坏的前提下所能承受的最大流速，其流量的大小取决于管道的材质。通常情况下，非金属管道的最大设计流速为5 m/s；金属管道的最大设计流速为10 m/s。

3.最小管径和最小坡度

在排水管网各个分支的起端，有时设计流量很小，如果按设计的流量来计算水力，管道的直径将非常小。根据养护经验，管道直径太小容易发生堵塞，增加养护工作量。对排水管道最小直径作出规定，可减少管道的阻塞次数。从水力计算中可以看出，在一定的设计流量和相同管径的情况下，水流速度与设计坡度呈正相关关系。为了有效减少阻塞次数，只规定最小管径是不够的，还必须确定相应的最小坡度。

4.埋深

埋深的大小对工程造价和施工期限有很大的影响。随着埋深的增大，工程的工作量和施工难度也会增大。特别是在地质条件不佳时，埋深的增大可能会大大提高工程造价。为此，相关人员应根据工程技术、经济指标和施工情况，合理地确定最大埋深。排水管道在干土中的最大深度不应大于8 m，而在多水、流沙和石灰岩地层中，通常不应大于5 m。在减少施工成本和缩短施工周期的前提下，应尽量在较短的时间内完成埋设作业。车行道下排水管道最小覆盖层厚度不得低于0.7 m，在管道可能受到地表荷载的情况下，必须对管线进行防护。

生活污水本身温度较高，即使在冬季，污水温度也不低于4℃，而许多工业废水则处于高热状态。另外，由于污水管道是按照一定的斜率铺设的，所以污水的流动速度是固定的，而且不会结冰。因此，污水管道无须全部铺设于冰冻线之下，只要其底部与冰冻线之间的间距不大于相关规定即可。未采取保温措施的生活污水管道或靠近生活污水的排水管道，其管底与冰冻线之间的间距不能超过0.15 m；采用保温措施或温度高的污水管道，管底与冰冻线的距离可以增大，其值应依据当地或类似地区的经验而定。

5.衔接

在设计过程中，衔接应充分考虑检测井上段与下游管线之间的高程关系、流速关系及管径关系。进行管道衔接时，工作人员应遵守两个原则：一是防止在上游管道中形成回水，从而产生淤积；二是要尽量提高下游管线的标高，减小埋深，尤其是在平坦地带。排水管道的衔接形式有水面平接与管顶平接两种。水面平接不便施工，且易造成误差，但能减小管线的埋深；管顶平接相对便于施工，可以确保水流的顺畅，但是需要增大管线的埋深。不论采用何种方法，工作人员在衔接管道时应确保下游水位不能超过上游，下游管道底部不能超过上游管道底部。污水管道可采用水面平接或管顶平接，雨水管道一般采用管顶平接。

在通常情况下，下游管道的流速不能小于上游管道的流速，否则会导致水流中心地带的杂质由于流速降低而沉淀，仅在坡度较大的管道与坡度较小的管道连接，且下游管道的流量已经超过1.2 m³/s时，设计流速才能减小。另外，下游管道的管径也不得小于上游管道的管径，只有在坡度较小的管道接到坡度较大的管道上时，才能减小管径。小于400 mm的管道可缩小1级管径，大于等于400 mm的管道缩小不得超过2级管径。

三、附属构筑物的设置

为了使排水管道更好地收集、排放污水和雨水，人们在排水管线上布置了多种附属构筑物，如检查井、跌水井、水封井、雨水口、出水口、溢流井、倒虹管等。附属构筑物设置是否合理，直接关系到排水系统是否安全、可靠、方便维护和节约成本。

（一）检查井

为了方便管道系统的定期检查和清理，必须安装检查井。检查井一般设置在管渠交汇处、转弯处、管道尺寸或坡度变化处、水位下降处、管道通过障碍物处，以及间隔一段距离的直线渠中。为了降低工程成本，在设计时应尽量减少检查井数目，但检查井数目太少，对管道的清理不利。检查井的最大间距可以按实际情况来确定，通常可参考表2-1。

表2-1　检查井最大间距

管径或暗渠净高/mm	最大间距/m	
	污水管道	雨水（合流）管道
200～400	30	40
500～700	50	60
800～1 000	70	80
1 100～1 500	90	100
≥1 500	100	120

检查井井身的平面形状有圆形、矩形和扇形三种。主管管径小于800 mm时，一般采用圆形检查井；主管管径大于等于800 mm，沿直线铺设，无支管接入或支管垂直接入时，采用矩形检查井；主管管径大于等于800 mm，外转角为30°、45°、60°或90°时，采用扇形检查井；主管管径大于等于800 mm，转角不规则时，采用圆形检查井。检查井与下游管道的倾角通常在90°以上，以确保排水顺畅。在上下游管道倾角小于90°时，为了防止水流阻塞而形成泥沙，在检查井上下游管道处应设置合适的落差，但这样会导致下游管道埋深增大。当下游管道的埋深有限时，应增加一口检查井，可采用水面平接的方式。在分支管与

主管之间的角度小于90°时，分支管的高度应该与主管水位保持一定的落差，这样可以避免分支管的水流被顶住。如果由于埋深限制，无法保证合适的落差，还应该增加检查井进行过渡。检查井底部应设置流槽，流槽与井壁之间的距离应为20 cm，以满足维护人员的工作需要；同时，在检查井底部应有一定坡度（一般为0.02～0.05）的流槽，坡向设计需确保能有效防止积水时的淤泥沉淀。检查井的井壁要有一个脚槽或一个梯子，以便维修工人进出检查井。为了便于清理和对井底进行检查，应每隔200 m设置0.5～1 m深的沉泥槽。

（二）跌水井

为消除上游和下游管道之间较大水位落差所产生的跌水能量，所设置的检查井叫作跌水井。跌水井通常设在：①管道交汇处、转角处。在排水管道的交汇处和转角处，由于水流方向的改变和管道高程的变化，需要设置跌水井来消除跌水能量。②管径、坡度、高程变化处。当排水管道的管径、坡度或高程发生显著变化时，也需要设置跌水井来适应这些变化，并确保水流的顺畅。③直线管段上每隔一定距离处。在直线管段上，为了调节水流速度、减小水流冲击力以及方便管道维护和检修，通常会每隔一定距离设置跌水井。

（三）水封井

水封井的功能是如果排水管道中发生爆炸或火灾时，能阻止火焰或有毒气体通过管道扩散。水封井应设置在排水孔和排水干管之间，并与排水孔和排水干管保持一定的间隔。水封井井口不能设置在交通工具和人流密集的地方，并且要与有火源的地方保持一定距离。通常，水封厚度为0.25 m。水封井的底部要设置沉泥模具，顶部要设置通风设备，通风管道直径不能小于100 mm。

（四）雨水口

雨水口是收集地面径流的主要构筑物，选择适当的雨水口形式并确保适当的排水量，是解决地表积水问题的一个重要保障。

雨水口的布置方式有三种，分别是平箅式、边沟式和联合式。按进水箅数量不同，雨水口可分为单箅雨水口、双箅雨水口和多箅雨水口。平箅式雨水口水流通畅，但在大雨的时候，容易受到树枝等杂物的阻碍，从而影响排水。边沟式雨水口不会发生堵塞，但是需要在一定的水深范围内使用。平箅式雨水口通常用于没有道路的地面或地势较低的地方，而边沟式雨水口和联合式雨水口通常设置在路旁。较窄的路通常采用单箅雨水口，较宽的路则采用双箅雨水口或多箅雨水口。

雨水口的布置规定如下：

①确定道路纵断面上低洼积水点（包括雨水汇合点、凹竖曲线的低洼处等）和交叉口竖向的雨水口位置，并设置相应的雨水口。

②根据道路纵横坡度、道路宽度、路面种类、周围地形及排水情况，选择雨水口形式及布置方式。

③根据当地暴雨强度、雨水口的泄水能力等因素，确定雨水口的数量、位置与间距，连接管间距宜为25～50 m。

④连接管位置应与检查井的位置协调，连接管与雨水干管的夹角宜接近90°，斜交时连接管应布置成与干管的水流顺向。

⑤交叉口处应根据路面雨水径流情况及方向布置雨水口。

⑥雨水口的连接，必要时可以串联，但串联个数不宜超过3个。连接管最小管径为200 mm，坡度不小于0.01，长度不超过25 m，覆土高度不小于0.7 m。

⑦雨水口井的深度宜小于或等于1 m。冰冻地区应对雨水口井及其基础采取防冻措施。在泥沙量较大地区，可根据需要设沉泥槽。

⑧平箅式雨水口的井箅应低于周围路面3～5 cm。边沟式雨水口进水孔底

面应比周围路面略低。

（五）出水口

污水经过污水处理厂的处理后排放到水体中，雨水则大多直接排放到水体中。在进入水体的排水管道中必须设置出水口。污水出水口的数量与污水处理厂的数量一致，雨水出水口的数量与城市的水体高度、城市与水体的距离等因素密切相关。当水体洪水位超过城市地面标高，需要在汛期设置提升泵站时，宜将雨水适当集中排放，并设置少量出水口，以减少泵站数量。当城市距离水体较远、污水管道较长时，为了减少管道的长度，应该将雨水集中排出，减少出水口。

污水出水口应设置在水体的下游位置，此举旨在充分考量排放的污水对周边水环境可能造成的影响。同时，设计阶段还需兼顾水体自身的净化功能，确保这一功能的有效性。这样的综合考量与规划，旨在维持并改善水体的多重功能，比如保障居民生活用水安全、支持水生动植物的健康养殖及促进水域周边旅游业的可持续发展等。

为了使污水和水体的水完全混合，污水出水口通常采用淹没式，管顶标高应低于正常水位。为了避免水的倒灌，雨水出水口通常采用非淹没式，管顶标高应高于正常水位。出水口要设置在桥涵、闸门等结构的下游，并与其保持一定的距离，其中非淹没式出水口必须采取相应措施，以避免被冲蚀。

（六）溢流井

在截流式合流制排水系统中，晴天时，管道内的污水被直接送入污水处理厂进行处理；雨天时，只有小部分管道内的混合污水被送入污水处理厂，超出了该管道输送能力的部分则不作处理，直接排放到水体中。

在合流干管与截流干管的交汇点，必须设置一口溢流井，以实现污水的截流和溢流。溢流井的选址及数量应从环保、工程成本等方面加以考虑。为了减少干管的规模，应尽可能增加溢流井的数量，这样可以让混合污水尽早地溢入水体中，减少下游干管的设计流量，从而减小排水管的管径，减小污水处理厂的规模，降低项目成本。但是，如果溢流井的数目太多，泄水井和排水管道的成本就会上升。尤其是在溢流井距水体较远、施工条件不佳的情况下，从水质、环境等方面考虑，建议采用较少的溢流井，并将其设置在水体的下游。当溢流井的溢流堰标高高于水体洪水位时，必须在排放管渠内设置防潮门、闸门或排涝泵站，以降低工程造价，并使其易于管理。

溢流井有截流槽式、溢流堰式和跳跃堰式三种类型。截流槽式溢流井合流管的管底高度与溢流管的管底高度一致，这一设计优势在于无须增大溢流管的埋深，适用于有一定深度的溢流管线。溢流堰式溢流井合流管的管底高度与截流干管的管底高度一致，这一设计优势在于无须增大截流干管的埋深，适用于有一定深度的截流干管。跳跃堰式溢流井的截流干管和溢流管的直径都比合流干管的直径要小，因此它的埋深要大，但是合流干管的出流状况良好，不会产生回水。此外，在降雨量小的时候，跳跃堰式溢流井会将混合的污水送入污水处理厂进行处理；在降雨量大的时候，跳跃堰式溢流井会将混合的废水溢出，使废水排入水体。在设计时，要视具体情况而定。

（七）倒虹管

排水管渠遇到河流、山涧、洼地或地下构筑物等障碍物时，不能按原有的坡度埋设，而是按下凹的折线方式从障碍物下通过，这种管道被称为倒虹管。倒虹管由进水井、下行管、平行管、上行管和出水井等组成。在确定倒虹管的路线时，工作人员应尽可能使其与障碍物正交通过，以缩短倒虹管的长度，并应选择在河床和河岸较稳定、不易被水冲刷的地段及埋深较小的部位铺设。通过河道的倒虹管，不宜少于2条；通过谷地、旱沟或小河的倒虹管可采用1条；通过障碍物的倒虹管径，应符合与该障碍物相交的规定。

由于倒虹管的清通比一般管道困难得多，因此相关人员必须采取各种措施来防止倒虹管内污泥的淤积。在设计时，可采取以下措施：

①增加倒虹管的流速，通常以1.2～1.5 m/s为宜。如果在困难时期，可以适当减小倒虹管的流速，但不能低于0.9 m/s，并且不能比上游管道的流速小。在管道流速低于0.9 m/s的情况下，必须定期冲刷倒虹管，冲洗速度不能低于1.2 m/s。

②最小管径为200 mm。

③在进水井内设有可以用河流进行冲洗的设施。

④在进水井或接近进水井的上游管道的检查井内，应在取得相关部门许可的情况下，设置事故出水口。在需要对倒虹管进行维修的情况下，可以将上游的污水从事故出水口排放到河道中。

⑤将沉泥槽设置在靠近进水井的上游管道的检查井的底部。

⑥倒虹管的上行管道与水平方向的角度不能超过30°。

⑦为调整流量，方便维修，进水井中应该设有闸板或闸槽，也可以用溢流堰代替。进水井和出水井处要设置井口，并配置井盖。

四、管道接口与基础的选择

（一）管道接口选择

对于管道接口的选择，相关人员要考虑排水性质、受力条件、施工方法和地质条件等因素的影响。

根据管道接口的弹性，管道接口可分为柔性、刚性和半柔半刚性三种形式。在软弱地基上铺设管道，出现小面积不均匀沉降时，可以采用半柔半刚性接口，如预制套环石棉水泥接口；在排水管道的地基土质较好时，可采用刚性接口，如水泥砂浆抹带接口、钢丝网水泥砂浆抹带接口；对于沿管线纵向土质不均等区域，则需使用柔性接口，如石棉沥青卷材接口、橡胶圈接口。

（二）管道基础选择

管道基础对排水管道的质量影响很大。在实际工程中，管道基础选择不当会导致管道发生不均匀沉陷，造成管道漏水、淤积、错口、断裂等现象，进而污染附近的地下水。因此，选择管道基础是排水管网设计的重要内容之一。

排水管道的基础和一般构筑物基础不同。管体受到浮力、土压、自重等作用，在基础中保持平衡。因此，管道基础的形式，取决于外部荷载的情况、覆土的厚度、土壤的性质及管道本身的情况。

管道基础分为地基、基础和管座3个部分。地基是指沟槽底的土壤部分。它承受排水管和基础的重量、管内水重、管上土压力和地面上的荷载。基础是指排水管与地基间的设施。有时地基强度较低，不足以承受上面的压力，要靠基础增加地基的受力面积，把压力均匀地传给地基。管座是在基础与排水管下侧之间的部分，使排水管与基础连成一个整体，以增加管道的刚度。

五、排水管网初步设计示例

（一）区域概况及自然条件

某市高新技术开发区地处某市西郊，距市区2 km，南北长5.4 km，东西宽3.2 km，开发用地15.09 km²。它是一个以发展高科技为主的综合性开发区，规划人口15万人。

开发区共有3.8万名居民，其中农业人口1.6万人，非农业人口2.2万人。该地区的地形南高北低，东西向为中部高，东西部地区的土壤以红壤土为主。

（二）工程现状及规划情况

开发区内的建筑不多，现有11个村庄，20多个乡办企业，1个国有企业，5

个市级单位。区内没有自来水厂，排水设施也很少，居民日常生活、生产用水全部来自井水，雨水直接排放到邻近驻地的农田和河流中。根据规划，该排水工程采用雨污分流系统，雨水在邻近地区排出，废水经过污水处理厂处理后排入河道。

（三）排水工程设计

1.污水工程设计

此区域西部建了一个新的开发区域。由于没有排污数据，相关部门可以参考同类开发区的排污量。

根据开发区的地形条件，污水管道从南到北依次排列，污水从西线流至东线。对于超过40 m宽的路面，在两侧设置下水道。该污水处理厂坐落在开发区的东北角，紧邻江河的下游。在对污水设计流量进行计算时，相关人员必须考虑生活污水和生产废水的总量。

本工程所使用的污水管材为钢筋混凝土管，管道的连接方式均为管顶平接。在地质条件不好的地区，为了避免管道的不均匀沉降，导致管线断裂，该工程使用了预制套环石棉水泥接口。根据埋深及地质情况，管道基础采用90°、135°、180°的混凝土地基。污水管道采用不满流设计，管道管径最小为300 mm，对应最小坡度为0.03，最小流量为0.6 m³/s。管线在转向、坡度变化、截面变化处，以及管线交汇处均设有检查井，沿直管每隔一段距离布置一口：管道管径在400 mm以下的，每30 m设置一口检查井；管道管径在500 mm以上的，每40 m设置一口检查井。此外，污水管道在每100 m处设有一根连接管，用于接收附近居民的生活污水。生活污水经预处理达标后，可直接排至邻近的检查井。

2.雨水工程设计

根据开发区地形及规划道路条件，雨水工程设计遵循如下原则：一是充分利用地形，就近排入水体，以减小管道直径、埋深；二是采用管道和渠道的组合，减少成本；三是雨水干线、主干线要设置在低洼地区。计算设计雨量的参数取值是：重现期为1年、地面集水时间为15 min、综合径流系数为0.7、折减系数为2。排放雨水的管渠采用钢筋混凝土圆管和矩形暗渠，根据各自的埋深和地质情况，采用90°、135°、180°的混凝土地基，采用管顶平接方式和钢丝网水泥砂浆抹带接口，以防止不均匀沉降而导致管道断裂。地下通道的墙体为块石，顶部为钢筋混凝土，底层为普通混凝土。在地质条件较差的地区，宜选用钢筋混凝土。

排放雨水的管渠采用满流设计，最小流量为0.75 m³/s。管渠在转弯处、坡度变化处、断面变化处、管渠交汇处均设有检查井。沿直管渠每隔一段距离设一口检验井：管径或渠宽在1 100 mm以下时，每40 m设一口检验井；管径或渠宽在1 200 mm以上时，每60 m设一口检验井。雨水管道在每90 m处设一条连接管，以收集街巷雨水。

第四节　地面排水

一、地面水对路基稳定性的影响

为了使路基经常处于干燥、坚固、稳定的状态，必须修建地面排水设施，使地面水迅速排离路基范围，防止地面水停滞下渗和流动冲刷而降低路基的稳定性。例如：地面水渗入路基土体，会降低土的抗剪强度；地面水的流动，也是路基边坡面与坡脚受到冲刷的原因；由于气温的变化，地面水的存在也常为寒冷地区发生冻害的一个重要原因。以上均说明了地面水对路基稳定性的严重危害。此外，地面水还给施工及交通运输等造成许多困难。因此，相关人员必须采取措施将地面水引排至路基范围以外。

二、排除路基地面水的一般原则和要求

排除路基地面水应遵循以下原则和要求：

①为保证路基的稳定，应尽快通过水沟汇集、排除路基范围内的地面水，且水沟应设在离路基本体尽可能近一些的位置，以充分发挥其排水作用。具体位置按相关规范确定。

②应选择地质较稳定、地形较平缓的地带设置水沟。

③水沟断面形状常采用梯形。

三、排除路基地面水的设施

排除路基地面水的设施包括排水沟、侧沟、天沟等。

①排水沟。用于排除路堤范围内的地面水。当地面较平坦时，其可设于路堤两侧；当地面较陡时，其应设于迎水一侧；当有取土坑时，可以用取土坑代替排水沟。

②侧沟。侧沟是在路堑地段用以排除路基面和路堑边坡坡面的地面水的设施，通常设于路基面两侧或一侧（半路堑）。

③天沟。用于排除山坡迎水方向流向路堑的地面水。

排水沟、侧沟、天沟等各类排水设施，应将水引排至路基以外，以防止水流冲刷路基。

在地面横坡明显的地段，排水沟、天沟可设置在该地段的上方一侧；若地面横坡不明显，则宜在路基两侧设置。

在路堑顶部无弃土堆时，天沟内边缘至堑顶距离不宜小于5 m；若沟内采取加固防渗措施，则该距离不应小于2 m。

地面设置设施的纵坡坡度不应小于0.002。地面平坦地带或反坡排水地段的坡度，仅在困难情况下，可减少至0.001。

侧沟、天沟、排水沟的横断面，应有足够的过水能力。当不需按流量计算时，截水沟尺寸可采用底宽0.4 m、深度0.6 m。在干旱少雨地区或岩石路堑中，截水沟深度可减少至0.4 m。位于反坡排水地段或坡度小于0.002的路堑侧沟，其分水点的沟深可减少至0.2 m。边坡平台的截水沟尺寸，可采用底宽0.4 m，深度0.2～0.4 m。

需按流量设计的侧沟、天沟、排水沟，其横断面应按1/25洪水频率的流量进行计算，沟顶应高出设计水位0.2 m。

设置在下列地段的侧沟、天沟和排水沟应采取防止冲刷或渗漏的加固措施，必要时可设垫层：位于松软土层影响路基稳定性的地段；流速较大，可能引起冲刷的地段；路堑内易产生基床病害的地段；有集中水流进入天沟、排水沟的地段。

在深长路堑和反坡排水困难的地段，宜增设桥涵建筑物，将侧沟水尽快引排至路基外。

路堑侧沟的水流不得经隧道排出。当排水困难且隧道长度小于300 m，洞外路堑的水量较小，含泥量少时，经研究比较，地面水可经隧道引排。

第五节　地下排水

一、路基地下排水设施

路基地下排水设施包括暗沟（管）、渗沟、渗井、检查井、仰斜式排水孔等。地下排水设施的类型、位置及尺寸应根据工程地质和水文地质条件确定，并与地面排水设施相协调。

（一）暗沟（管）

暗沟（管）用于排除泉水或地下集中水流。暗沟是设在地面以下引导水流的沟道，无渗水和汇水的功能。当路基范围内遇有泉水或集中水流时，可设置暗沟将水流排至路基范围以外。

暗沟横断面一般为矩形，泉井壁和沟底、沟壁用浆砌片石或水泥混凝土预制块砌筑，沟顶设置混凝土或石盖板，盖板顶面上的填土厚度不应小于0.5 m。各部位尺寸大小应根据排出水量及地形、地质条件确定。设计暗沟时，相关人员应注意防止淤塞的问题。

暗沟沟底的纵坡不宜小于1%，条件困难时亦不得小于0.5%。在出水口处，应加大纵坡。对于寒冷地区的暗沟，相关人员应做防冻保温处理或将暗沟设在冻结深度以下。

（二）渗沟

渗沟及渗井用于降低地下水水位或拦截地下水。当地下水埋藏较浅或无固定含水层时，宜采用渗沟。

渗沟的埋置深度应根据地下水水位的高程、地下水水位需下降的深度及含水层介质的渗透系数等因素确定。根据使用部位、结构形式，渗沟可分为填石渗沟、管式渗沟、洞式渗沟、边坡渗沟、支撑渗沟、无砂混凝土渗沟。

填石渗沟也称为盲沟，一般适用于地下水流量不大、渗沟不长的地段，较易淤塞。洞式及管式渗沟一般适用于地下水流量较大、引水较长的地段。条件允许时，应优先采用管式渗沟。洞式渗沟施工麻烦，质量不易保证。目前多采用管式渗沟代替填石渗沟和洞式渗沟。

边坡渗沟、支撑渗沟则主要用于疏干潮湿的土质路堑边坡坡体和引排边坡上局部出露的上层滞水或泉水。坡面采用干砌片石覆盖，以确保坡体干燥、稳定。

为拦截含水层的地下水或降低地下水水位，可设置管式渗沟。渗沟的埋置深度应根据地下水水位的高程（为保证路基或坡体稳定）、地下水水位需下降的深度及含水层介质的渗透系数等因素确定。排水管可采用带槽孔的塑料管或钢筋混凝土管。管径按设计渗流量确定，但最小内径宜为15 cm（渗沟长度小于等于150 m时）或20 cm（渗沟长度大于150 m时）。排水管周围回填透水性材料，管底回填料的厚度为15 cm，管两侧的回填料宽度不宜小于30 cm。当渗沟位于路基范围外时，透水性回填料顶部应覆盖15 cm厚的不透水填料。透水性回填料可采用粒径5～40 mm的碎石。当含水层内的细粒有可能随渗流进入沟内而堵塞渗沟时，应在渗沟的迎水面沟壁处设置反滤织物。

在盛产石料的地区，也可采用洞式渗沟在路基范围外拦截地下水。在渗沟底部，以片石浆砌成矩形排水槽，槽顶覆盖水泥混凝土条形盖板，形成排水洞，其横断面尺寸按设计渗流量的要求确定。板条间留有宽20 mm的缝隙，间距不超过300 mm。在盖板顶面铺以透水的水工织物，沟内回填透水性填料，沟顶覆盖20 cm厚的不透水封闭层。当含水层内的细粒有可能随渗流进入沟内而堵塞渗沟时，应在渗沟的迎水面沟壁处按渗滤要求设置若干层粒料反滤层；每层反滤层由厚度为15～25 cm的粒料组成，其级配组成应按要求设计。

无砂混凝土既可用于制作反滤层，也可用于建造渗沟，是近几年被应用的新型材料。用无砂混凝土建造透水的井壁和沟壁以替代施工较复杂的反滤层和渗水孔设备，并可承受适当的荷载，具有透水性和过滤性好、施工简便、省料等优点，值得推广应用。

渗沟的排水孔（管），应设在冻结深度以下不小于0.25 m处。截水渗沟的基底宜埋入隔水层内不小于0.5 m。边坡渗沟、支承渗沟的基底，宜设置在含水层以下较坚实的土层上。寒冷地区的渗沟出口，应采取防冻措施。渗沟、渗井的断面尺寸，应根据构造类型、埋设位置、渗水量、施工和维修条件等确定。渗沟侧壁及顶部应设置反滤层，底部应设置封闭层。

填石渗沟最小纵坡不宜小于1%，无砂混凝土渗沟、管式及洞式渗沟最小纵坡不宜小于0.5%。渗沟出口段宜加大纵坡。

（三）渗井

渗井属于水平方向的地下排水设施。当地下存在多层含水层，其中影响路基的上部含水层较薄，排水量不大，且平式渗沟难以布置时，采用立式排水，设置渗井，穿过不透水层，将路基范围内的上层地下水引入更深的含水层中以降低上层的地下水或将其全部排除。

渗井的平面布置，以及孔径与渗水量，按水力计算而定，一般为直径1～1.5 m的圆柱形，亦可是边长为1～1.5 m的正方形。井深视地层构造情况而定，井内由中心向四周按层次，分别填入由粗而细的砂石材料，粗料渗水，细料反滤。填充料要求筛分冲洗，施工时需用薄钢板套筒分隔填入不同粒径的材料，要求层次分明，不得粗细材料混杂，以保证渗井达到预期排水效果。

渗井施工难度较大，单位渗水面积的造价高于渗沟，一般尽量少用。但当土基含水量较大，严重影响路基、路面的强度，而其他地下排水设施不易布置，其他技术措施（如隔离层）的造价较高时，渗井可作为方案之一。设计时应进行分析比较，有条件地选用。

（四）检查井

深而长的暗沟（管）、渗沟及渗水隧洞，在直线段每隔一定距离及平面转弯、变坡点等处，宜设置检查井。兼起渗井作用的检查井的井壁，应设置反滤层。检查井直径不宜小于1 m，井内应设检查梯，井口应设井盖；当深度大于20 m时，应增设护栏等安全设施。

（五）仰斜式排水孔

仰斜式排水孔是采用小直径的排水管在边坡体内排除深层地下水的一种有效方法，同时还可以提高岩（土）体抗剪强度，防止边坡失稳，并减少对岩（土）体的开挖，加快工程进度和降低造价，因而在国内外山区公路中得到广泛应用。近年来在广东、福建、四川等省都取得了良好的应用效果。

仰斜式排水孔钻孔直径一般为75～150 mm，仰角不小于6°，长度应伸至地下水富集或潜在滑动面。孔内透水管直径一般为50～100 mm。透水管应外包1～2层渗水土工布，防止泥土将渗水孔堵塞，管体四周宜用透水土工布作为反滤层。仰斜式排水孔排出的水宜引入路堑边沟。

二、道路路基渗沟的流量计算

地下水的流量计算，较为复杂。就储量来说，其有无限和有限之分；就水力性质来说，其有无压和有压之分；就渗沟埋置情况来说，其又有完整式渗沟（沟底位于不含水地层）和不完整式渗沟（沟底位于含水地层）之分；而就水流特征，其可分为层流和紊流。上述条件不同，计算方法相应有所差异。就路基地下排水的渗沟而言，一般可认为储水层（厚度与宽度）为有限与无压，并假定土质均匀和含有细小孔隙，多属完整式渗沟，按层流渗透规律，在此条件下进行有关水力水文计算。

第三章 市政给排水管道施工

第一节 给排水管道安装

一、管道基础施工

（一）原状地基施工

①当原状土地基部分出现超挖时，应按有关规定进行处理。若岩石地基局部出现超挖时，则应将基底碎渣全部清理干净，然后用低强度等级混凝土或粒径为10～15 mm的砂石进行回填并夯实。

②在原状地基为岩石或坚硬土层时，管道下方应铺设砂垫层。

③在非冻土地区，管道不得铺设在冻结的地基上。在管道安装过程中，应防止地基冻胀。

（二）混凝土基础施工

①平基与管座的模板，可一次或两次支设，每次支设的高度宜略高于混凝土的浇筑高度。

②在平基、管座的混凝土设计无要求时，宜采用强度等级不低于C15的低坍落度混凝土。

③在分层浇筑管座与平基时，首先应先将平基凿毛并冲洗干净，然后将平

基与管体相接触的腋角部位，用同强度等级的水泥砂浆填满、捣实，最后再浇筑混凝土，以确保管体与管座混凝土之间严密结合。

④在采用垫块法同时浇筑管座与平基的过程中，必须严格遵循特定的浇筑顺序以确保施工质量。首先，应从结构的一侧开始灌注混凝土，确保对侧的混凝土高度逐渐上升，直至超过管道底部。当对侧的混凝土高度与已灌注侧达到相同水平时，方可进行两侧的同时浇筑。在整个浇筑过程中，需持续监控并调整两侧混凝土的浇筑速度，以保持两侧混凝土的高度始终一致。

⑤管道基础应按设计要求留变形缝，变形缝的位置应与柔性接口的位置相一致。

⑥管道平基与井室基础宜同时浇筑。跌水井上游接近井基础的一段应砌砖加固，并将平基混凝土浇至井基础边缘。

⑦在混凝土浇筑过程中应防止离析现象的发生。浇筑后应进行养护，在混凝土强度低于1.2 MPa时不得承受荷载。

（三）砂石基础施工

①在铺设管道前应先对槽底进行检查，槽底高程及槽宽须符合设计要求，且不应有积水和软泥。

②柔性管道的基础结构无设计要求时，宜铺设厚度不小于100 mm的中粗砂垫层。软土地基宜铺垫一层厚度不小于150 mm的砂粒或粒径为5～40 mm的碎石，其表面再铺厚度不小于50 mm的中、粗砂垫层。

③柔性接口的刚性管道的基础结构无设计要求时，一般土质地段可铺设砂垫层，亦可铺设25 mm以下粒径碎石，表面再铺20 mm厚的砂垫层（中、粗砂）。

④管道有效支承角范围必须用中、粗砂填充，并捣实，使其与管底紧密接触，不得用其他材料填充。

二、钢管安装

（一）施工准备

①钢管及其管件，必须有出厂合格证。镀锌钢管内外壁镀锌要均匀，无锈蚀，内壁无飞刺。

②阀门的型号规格应符合设计要求，并有出厂合格证。其外观应表面光滑，无裂纹、气孔、砂眼等缺陷。密封面应与阀体接触紧密，阀芯应开关灵活、关闭严密，填料应密封完好、无渗漏，手轮无损坏。

③消火栓、水表的品种、型号规格应符合设计要求，并有相应的检测报告及出厂合格证。

④管沟应平直，深度、宽度应符合要求，沟底应夯实，沟内无障碍物。

⑤沟沿两侧1.5 m范围内不得堆放施工材料和其他物品。同时，应根据土质情况和沟槽深度，按要求设置边坡等防塌方设施。

⑥管材、管件及其配件应齐全，阀门强度和严密性试验应合格。

⑦标高控制点应测试完毕。

（二）预制加工

①按施工图纸及实际情况正确测量和计算所需管段的长度，并记录在施工图纸上。然后根据测定的尺寸进行管段下料和接口处理。

②阀门、水表等附件应预先组装好，再进行现场施工。

③钢管在安装前要做好防腐处理。

（三）安装条件

①根据设计图纸的要求对管沟中线和高程进行测量复核，放出管道中线和

标高控制线，确保沟底符合安装要求。

②准备好吊装机具及绳索，并进行安全检查。对于直径大的管道，应根据实际情况使用起重吊装设备。

③在安装管道前，必须对管材进行复查。

④预先确定有三通、弯头、阀门等的部件的具体位置，再按承口朝来水方向逐个确定工作坑的位置。在安装管道前，应先将工作坑挖好。

⑤管道安装应符合下列规定：对首次采用的钢材焊接材料、焊接方法或焊接工艺，施工单位必须在施焊前按设计要求和有关规定进行焊接试验，并根据试验结果编制焊接工艺指导书；焊工必须持证上岗，并应根据通过评定的焊接工艺指导书施焊；在沟槽内焊接时，焊工应采取有效技术措施来保证管道底部的焊接质量。

⑥管节的材料、规格、压力等级等应符合设计要求，管节宜由工厂预制，现场加工应符合下列规定：管节表面应无斑疤、裂纹、严重锈蚀等缺陷。焊缝外观质量应符合规定，且焊缝无损检验合格。直焊缝卷管管节几何尺寸的允许偏差应符合规定。同一管节允许有两条纵缝，当管径大于或等于600 mm时，纵向焊缝的间距应大于300 mm；当管径小于600 mm时，其间距应大于100 mm。在安装管道前，应逐根测量管节并为其进行编号，宜选用管径相差最小的管节对接。

⑦下管前应先检查管节的内外防腐层，合格后方可下管。

⑧对于管段的长度、吊距，应根据管径、壁厚、外防腐层材料的种类及下管方法确定。

⑨弯管起弯点至接口的距离不得小于管径，且不得小于100 mm。

（四）钢管安装要求

1.管道对口连接

①在焊接管节组时，应先对其修口、清根，以保证管端端面的坡口角度、

钝边、间隙符合设计要求。不得在对口间隙夹焊帮条或用加热法缩小间隙施焊。

②在连接对口时，应使内壁齐平，错口的允许偏差应为壁厚的20%，且不得大于2 mm。不同壁厚的管节相连时，管壁厚度相差不宜大于3 mm。

③不同管径的管节相连，且两管径相差大于小管管径的15%时，可用渐缩管连接。渐缩管的长度不应小于两管径差值的2倍，且不应小于200 mm。

2.管道纵、环向焊缝的位置

①纵向焊缝应放在管道中心垂线上半圆的45°左右处。

②纵向焊缝应错开，管径小于600 mm时，错开的间距不得小于100 mm；管径大于或等于600 mm时，错开的间距不得小于300 mm。

③有加固环的钢管，加固环的对焊焊缝应与节纵向焊缝错开，其间距不应小于100 mm，加固环距管节的环向焊缝不应小于50 mm。

④环向焊缝距支架净距离不应小于100 mm。直管管段两相邻环向焊缝的间距不应小于200 mm，且不应小于管节的外径。

⑤管道任何位置都不得有十字形焊缝。

3.管道上开孔

①不得在干管的纵向、环向焊缝处开孔。

②不得在管道上的任何位置开方孔。

③不得在短节上或管件上开孔。

④应确保开孔处的加固补强符合设计要求。

4.管道焊接

①对于组合钢管固定口焊接及两管段间的闭合焊接，应在无阳光直照和气温较低时进行。采用柔性接口代替闭合焊接时，应与相关设计者协商确定。

②在寒冷或恶劣环境下焊接应符合下列规定：清除管道上的冰、雪、霜等；工作环境的风力大于5级、雪天或空气相对湿度大于90%时，应采取保护措施；在焊接时，应使焊缝可自由伸缩，并应使焊口缓慢降温；冬期焊接时，应根据环境温度对管道进行预热处理。

③在钢管对口检查合格后,方可进行接口定位焊接。定位焊接采用点焊时,应符合下列规定:应采用与接口焊接相同的焊条;应对称施焊,焊缝厚度应与第一层焊接厚度一致;钢管的纵向焊缝及螺旋焊缝处不得采用点焊。

④焊接方式应符合设计和焊接工艺评定的要求。在管径大于800 mm时,应采用双面焊。

5.管道连接

①直线管段不宜采用长度小于800 mm的短节拼接。

②对接管道时,环向焊缝的检验应符合下列规定:相关人员应在检查前清除焊缝的渣皮、飞溅物;应在无损检测前进行外观质量检查;无损探伤检测方法应按设计要求选用;无损检测取样数量与质量要求应按设计要求执行,设计无要求时,压力管道的取样数量应不小于焊缝量的10%;不合格的焊缝应返修,返修次数不得超过3次。

③钢管采用螺纹连接时,管节的切口断面应平整,偏差不得超过一扣;丝扣应光洁,不得有毛刺、乱扣、断扣,缺扣总长不得超过丝扣全长的10%;接口坚固后宜露出2~3扣螺纹。

④管道采用法兰连接时,应符合下列规定:法兰应与管道保持同心,两法兰间应平行;螺栓应为相同规格,且安装方向应一致;螺栓应对称紧固,紧固好的螺栓应露在螺母之外;与法兰接口两侧相邻的第一个至第二个刚性接口或焊接接口,待法兰螺栓紧固后方可施工;当法兰接口须埋入土中时,相关人员应采取防腐措施。

(五)管道试压

①在进行水压试验前,应加固管道。将干线始末端用千斤顶固定,管道弯头及三通处用水泥支墩或方木支撑固定。

②当采用水泥接口时,管道在试压前应用清水浸泡24 h,以增强接口强度。

③给管道注水,可排出管道内的空气。注满水后关闭排气阀,进行水压

试验。

④试验压力为工作压力的1.5倍，但不得小于0.6 MPa。

⑤用试压泵缓慢升压，在试验压力下10 min内压力降不应大于0.05 MPa；然后降至工作压力进行检查，压力应保持不变，管道及接口不渗不漏方为合格。

三、球墨铸铁管安装

（一）施工准备

①认真熟悉图纸，深入了解设计意图。

②根据地下原有构筑物、管线和设计图纸，充分研究分析，合理布局。要遵守的原则包括小管让大管，有压管让无压管，新建管让原有管，临时管让永久管，可弯管让不能弯管。充分考虑现行国家规范规定的各种管线间距要求。充分考虑现有建筑物、构筑物进出口管线的坐标、标高。确定堆土、堆料、运料、下管的区间或位置。组织人员、机械设备、材料进场。

③做好管膛、管口清理工作和管道预制工作。

④确保施工现场水源、电源已接通，道路已平整。

⑤确保临建设施已具备，能满足施工需要。

⑥确保施工现场障碍物已排除。

⑦确保各设备处于正常状态。

⑧确保管材、管件及其配件齐全。

⑨标高控制点等各种基线测放完毕。

（二）安装要求

①管节及管件的规格、尺寸公差、性能应符合国家有关标准和设计要求。

进入施工现场时，其外观质量应符合下列规定：管节及管件表面不得有裂纹，不得有妨碍使用的凹凸不平的缺陷；采用橡胶圈柔性接口的球墨铸铁管，承口的内工作面和插口的外工作面应光滑、轮廓清晰，不得有影响接口密封性的缺陷。

②在管节及管件下沟槽前，应清除其承口内部的油污、飞刺、铸砂及凹凸不平的铸瘤。确保柔性接口铸铁管及管件承口的内工作面、插口的外工作面修整光滑，不得有沟槽、凸脊缺陷。不得使用有裂纹的管节及管件。

③沿直线安装管道时，宜选用管径公差组合最小的管节组对连接，以确保接口的环向间隙均匀。

④采用滑入式或机械式柔性接口时，应确保橡胶圈的质量、性能、细部尺寸符合国家有关规定。

⑤橡胶圈安装经检验合格后，方可进行管道安装。

⑥安装滑入式橡胶圈接口时，应确保其被推到标记环所标记的位置，并复查与其相邻已安好的第一个至第二个接口推入深度。

⑦安装机械式柔性接口时，应使插口与承口法兰压盖的轴线相重合；螺栓安装方向应一致，用扭矩扳手均匀、对称地紧固。

（三）灌水试验

①管道及检查井外观质量已验收合格。

②管道未回填土且沟槽内无积水。

③全部预留孔应封堵，不得渗水。

④管道两端封堵，预留进出水管和排气管。

⑤按排水检查井分段试验，试验水头应以试验段上游管顶加1 m，时间不少于30 min，管道无渗漏为合格。

（四）管沟回填

①在管道验收合格后，方可回填管沟。

②管沟回填土时，应以两侧对称下土，水平方向均匀地摊铺，用木夯捣实。管道两侧直到管顶0.5 m以内的回填土必须分层人工夯实。回填土分层厚度为200～300 mm，同时要防止管道中心线位移及管口受到震动而松动；管顶0.5 m以上的回填土可采用机械分层夯实，回填土分层厚度为250～400 mm；各部位回填土密度应符合设计和有关规范的规定。

③沟槽内的支撑，随同回填土逐步拆除。横撑板的沟槽应先拆支撑后填土，自下而上拆除支撑。若用支撑板或板桩时，可在回填土过半时再拔出，拔出后立刻灌砂充实。如拆除支撑后不安全，可以保留支撑。

④当沟槽内有积水时，必须将积水排除后方可回填。

四、钢筋与预（自）应力钢筋混凝土管安装

（一）施工准备

①在引测水准点时，校测原有管道出入口与本管线交叉管线的高程。

②放沟槽开挖线：根据设计要求的埋深、土层情况、管径大小等计算出开槽宽度、深度，在地面上定出沟槽上口边线位置，以此作为开槽的依据。

③在开槽前后应设置控制管道中心线、高程和坡度的坡度板，一般跨槽埋设。当槽深在2.5 m之内时，应于开槽前在槽上口每隔10～15 m埋设一块坡度板。

④坡度板的埋设要牢固，其顶面要保持水平。在坡度板埋好后，应将管道中线投测到坡度板上。

⑤为了控制管道的埋设，在已钉好的坡度板上测设坡度钉，使各坡度钉的

连接平行于管道设计坡度线，利用下反数来控制管道坡度和高程。

⑥钉好坡度钉后，立尺于坡度钉上，检查实读前视与应读前视是否一致，确保误差在±2 mm之内。

⑦为防止观测或计算中的错误，每测一段后应复合到另一个水准点上进行校核。

⑧管沟沿线中各种地下、地上障碍物和构筑物已拆除或改移。

⑨沟沿两侧1.5 m范围内不得堆放施工材料和其他物品。

⑩管材、管件及其配件齐全。

⑪标高控制点等各种基线测放完毕。

（二）沟槽开挖

①槽底开挖宽度等于管道结构基础宽度加两侧工作面宽度，每侧工作面宽度应不小于300 mm。

②用机械开槽或开挖沟槽后，当天不能进行下一道工序。沟底应留出约200 mm厚的土层，待下道工序进行前用人工清挖。

③沟槽挖出的土方应堆在沟的一侧，便于进行下道工序。

④堆土底边与沟边应保持一定的距离，不得小于1 m，且堆土高度应小于1.5 m。

⑤堆土时，严禁掩埋消火栓、地面井盖及雨水口，不得掩埋测量标志及道路附属构筑物等。

⑥当无特殊规定时，沟边坡的大小应根据土质和沟深进行合理设置。

⑦人工挖槽深度宜为2 m左右。

⑧人工开挖多层槽时，层间留出的宽度应不小于500 mm。

⑨槽底高程的允许偏差应符合下列规定：基础的重力流管道沟槽，允许偏差为±10 mm；非重力流无管道基础的沟槽，允许偏差为±20 mm。

（三）管道安装

1.基底钎探

①当基槽（坑）挖好后，应将槽清底检查，并进行钎探。如遇松软土层、杂土层等深于槽底标高时，应予以加深处理。

②打钎可用的人工打钎直径为25 mm，钎头呈60°尖锤状，长为2 m。打钎通常用10 kg的穿心锤，举锤高度为500 mm。工作人员在钢钎每贯入300 mm时，便应记录一次锤击数，并填入规定的表格中。一般分五步打，钢钎上段留500 mm。钎探点的记录编号应与注有轴线尺寸和编号顺序的钎探点平面布置图相符。

③在进行钎探作业时，需要向孔内灌注砂土。在记录过程中，应使用不同颜色的笔或特定的符号来明确区分不同强度等级的土壤。同时，在绘制平面布置图时，应特别标注出那些特别坚硬（特硬点）和相对较软（较软的点）的土壤位置，以便分析。

2.地基处理

①施工人员应按设计规定处理地基。在施工中遇到与设计不符的松软地基及杂土层等情况时，应同设计人员协商解决。

②挖槽时应控制槽底高程。槽底局部超挖时，宜按以下方法处理：含水量接近最佳含水量的疏干槽超挖深度小于或等于150 mm时，可用含水量接近最佳含水量的挖槽原土回填夯实，其压实度不应低于原天然地基土的密实度，或用石灰土处理，其压实度不应低于95%；槽底有地下水或地基土壤含水量较大，不利于压实时，可用天然级配砂石回填夯实。

③因排水不良造成地基土壤扰动，可按以下方法处理：扰动深度在100 mm以内时，可换天然级配砂石处理；扰动深度在300 mm以内，但下部坚硬时，可换大卵石或填块石，并用砾石填充空隙和找平表面。填块石时，应从一端按顺序进行，大面向下，块与块相互挤紧。

④当设计要求采用换土方案时，应按要求清槽。经检查合格后，方可进行

换土回填。回填材料、操作方法及质量，应符合设计规定。

　　3.混凝土管接口连接

　　①应确保管节的规格、性能、外观质量及尺寸公差符合国家有关标准。

　　②在安装管节前，应进行外观检查。若发现裂缝、保护层脱落、空鼓、接口掉角等缺陷，应及时修补，并经鉴定合格后方可使用。

　　③在安装管节前，应将管内外清扫干净。安装时，应使管道中心及内底高程符合设计要求。稳管时，必须采取措施以防水管发生滚动。

　　④采用混凝土基础时，管道中心、高程复验合格后，应按有关规定及时浇筑管座混凝土。

　　⑤柔性接口形式应符合设计要求，橡胶圈应符合下列规定：材质应符合相关规范的规定；应由管材厂配套供应；外观应光滑平整，不得有裂缝、破损、气孔等缺陷；每个橡胶圈的接头不得超过两个。

　　⑥柔性接口的钢筋混凝土管、预（自）应力钢筋混凝土管安装前，承口内工作面、插口外工作面应清洗干净。套在插口上的橡胶圈应平直、无扭曲，应正确就位。橡胶圈表面和承口工作面应涂刷无腐蚀性的润滑剂。安装后放松外力，管节回弹量不得大于10 mm，且橡胶圈应在承插口工作面上。

　　⑦刚性接口的钢筋混凝土管道施工应符合下列规定：抹带前应将管口的外壁凿毛，洗净。当管径小于或等于500 mm时，抹带可一次完成。当管径大于500 mm时，应分两次完成抹带。抹带完成后，应立即用吸水性强的材料覆盖，3～4 h后洒水养护。应清除在进行水泥砂浆填缝及抹带接口作业时落入管道内的接口材料。管径大于或等于700 mm时，应采用水泥砂浆将管道内接口部位抹平、压光。管径小于700 mm时，填缝后应立即拖平。

　　⑧钢筋混凝土管沿直线安装时，管口间的纵向间隙应符合设计及产品标准要求。预（自）应力钢筋混凝土管沿曲线安装时，管口间的纵向间隙最小处不得小于5 mm。

　　⑨预（自）应力钢筋混凝土管不得截断使用。

⑩井室内暂时不接支线的预留管（孔）应封堵。

⑪用于连接预（自）应力钢筋混凝土管的金属管件应进行防腐处理。

第二节　给排水管道工程验收

工程验收是检验工程质量必不可少的一道程序，也是保证工程质量的一项重要措施。如工程质量不符合规定，认真细致的验收工作有助于发现并处理相关问题，避免影响工程的使用和增加维修费用。因此，必须严格执行工程验收制度。

一、中间验收

中间验收主要是验收埋在地下的隐蔽工程。凡是在竣工验收前被隐蔽的工程项目，都必须进行中间验收。验收合格后，方可进行下一道工序。当隐蔽工程全部验收合格后，方可回填沟槽。

验收下列隐蔽工程时，应填写中间验收记录表。记录表大致包括以下项目：

①管道及附属构筑物的地基和基础。

②管道的位置及高程。

③管道的结构和断面尺寸。

④管道的接口、变形缝及防腐层。

⑤管道及附属构筑物的防水层。

⑥地下管道交叉的处理情况。

二、竣工验收

竣工验收就是全面检验给排水管道工程是否符合工程质量标准，不仅要确定工程的质量结果，还要找出产生质量问题的原因。对不符合质量标准的工程项目，相关部门必须要求其进行整修，甚至返工，经验收达到质量标准后，方可投入使用。

竣工验收应提供下列资料：

①竣工图及设计变更文件。

②主要材料和制品的合格证或试验记录。

③管道的位置及高程的测量记录。

④混凝土、砂浆、防腐、防水及焊接检验记录。

⑤管道的水压试验记录。

⑥中间验收记录及有关资料。

⑦回填土密实度的检验记录。

⑧工程质量检验评定记录。

⑨工程质量事故处理记录。

三、竣工验收鉴定

竣工验收时，应核实竣工验收资料，并进行必要的复验和外观检查。对下列项目应进行鉴定，并填写竣工验收鉴定书：

①管道的位置及高程。

②管道及附属构筑物的断面尺寸。

③管道配件安装的位置和数量。

④管道的冲洗及消毒。

⑤外观。

管道工程通过竣工验收后，建设单位应将有关设计、施工及验收的文件和技术资料立卷归档。

四、质量验收标准

（一）管道基础施工质量验收标准

1.主控项目

①原状地基的承载力符合设计要求。

检查方法：观察，检查地基处理强度或承载力检验报告、复合地基承载力检验报告。

②混凝土基础的强度符合设计要求。

检查方法：混凝土基础的强度应符合现行国家标准，即《混凝土强度检验评定标准》（GB/T 50107—2010）的有关规定。

③砂石基础的压实度符合设计要求或相关标准的规定。

检查方法：检查砂石材料的质量保证资料和压实度试验报告。

2.一般项目

①原状地基、砂石基础与管道外壁间接触均匀，无空隙。

检查方法：观察，检查施工记录。

②混凝土基础外光内实，无严重缺陷；混凝土基础的钢筋数量、位置正确。

检查方法：观察，检查钢筋质量保证资料和施工记录。

（二）钢管安装质量验收标准

1.主控项目

①管节及管件、焊接材料等的质量应符合有关规范的规定。

检查方法：检查产品质量保证资料，检查成品管进场验收记录，检查现场制作管的加工记录。

②接口焊缝坡口应符合有关规范的规定。

检查方法：逐口检查，用量规量测，检查坡口记录。

③焊口错边应符合有关规范的规定，焊口无十字形焊缝。

检查方法：逐口检查，用长300 mm的直尺在接口内壁周围顺序贴靠量测错边量。

④焊口焊接质量应符合有关规范的规定和设计要求。

检查方法：逐口观察，按设计要求进行抽检，检查焊缝质量检测报告。

⑤法兰接口的法兰应与管道同心，螺栓可自由穿入，高强度螺栓的终拧扭矩应符合设计要求和有关标准的规定。

检查方法：逐口检查，用扭矩扳手等工具检查，检查螺栓拧紧记录。

2.一般项目

①接口组对时，纵、环缝位置应符合有关规范的规定。

检查方法：逐口检查，检查组对检验记录，用钢尺量测。

②在管节组对前，坡口及内外侧焊接影响范围内表面应无油、漆、垢、锈、毛刺等。

检查方法：观察，检查管道组对检验记录。

③不同壁厚的管节对接应符合有关规范的规定。

检查方法：逐口检查，用焊缝量规、钢尺量测，检查管道组对检验记录。

④对焊缝层次有明确规定时，焊接层数、每层厚度及层间温度应符合焊接作业指导书的规定，且层间焊缝质量均应合格。

检查方法：逐口检查，对照设计文件、焊接作业指导书检查每层焊缝检验记录。

⑤法兰中轴线与管道中轴线的允许偏差应符合：直径小于或等于300 mm时，允许偏差小于或等于1 mm；直径大于300 mm时，允许偏差小于或等于2 mm。

检查方法：逐口检查，用钢尺、角尺等量测。

⑥连接的法兰之间应保持平行，其允许偏差不大于法兰外径的1.5%，且不大于2 mm；螺孔中心允许偏差应为孔径的5%。

检查方法：逐口检查，用钢尺、塞尺等量测。

（三）球墨铸铁管质量验收标准

1.主控项目

①管节及管件的产品质量应符合相关规定。

检查方法：检查产品质量保证资料，检查成品管进场验收记录。

②承插接口连接时，两管节中轴线应保持同心，承口、插口部位无破损、变形、开裂；插口推入深度应符合要求。

检查方法：逐口观察，检查施工记录。

③法兰接口连接时，插口与承口法兰压盖的纵向轴线应一致，连接螺栓终拧扭矩应符合设计或产品使用说明要求；接口连接后，连接部位及连接件应无变形、破损。

检查方法：逐口检查，用扭矩扳手检查，检查螺栓拧紧记录。

④橡胶圈安装位置应准确，不得扭曲、外露；沿圆周各点应与承口端面等距，其允许偏差为±3 mm。

检查方法：观察，用探尺检查，检查施工记录。

2.一般项目

①连接后管节间应平顺，接口应无突起、突弯、轴向位移现象。

检查方法：观察，检查施工测量记录。

②接口的环向间隙应均匀,承口间的纵向间隙不应小于3 mm。

检查方法:观察,用塞尺、钢尺检查。

③法兰接口的压兰、螺栓和螺母等连接件应规格型号一致;采用钢制螺栓和螺母时,防腐处理应符合设计要求。

检查方法:逐个接口检查,检查螺栓和螺母质量合格证明书、性能检验报告。

④管道沿曲线安装时,接口转角应符合相关规范的规定。

检查方法:用直尺量测曲线段接口。

(四)钢筋与预(自)应力钢筋混凝土管质量验收标准

1.主控项目

①管及管件、橡胶圈的产品质量应符合规定。

检查方法:检查产品质量保证资料,检查成品管进场验收记录。

②柔性接口的橡胶圈位置应正确,无扭曲、外露现象;承口、插口应无破损、开裂;双道橡胶圈的单口水压试验应合格。

检查方法:观察,用探尺检查,检查单口水压试验记录,

③刚性接口的强度应符合设计要求,不得有开裂、空鼓、脱落现象。

检查方法:观察,检查水泥砂浆、混凝土试块的抗压强度试验报告。

2.一般项目

①柔性接口的安装位置应正确,其纵向间隙应符合相关规范的规定。

检查方法:逐口检查,用钢尺量测,检查施工记录。

②刚性接口的宽度、厚度应符合设计要求。

检查方法:用钢尺、塞尺量测,检查施工记录。

③管道沿曲线安装时,接口转角应符合相关规定。

检查方法:用塞尺量测曲线段接口。

④管道接口的填缝应符合设计要求。

检查方法：观察，检查填缝材料质量保证资料、配合比记录。

第三节　给排水管道冲洗和消毒

一、给排水管道冲洗

给排水管道在投入使用前，必须进行清洗，以清除管道内的焊渣等杂物。一般管道在压力试验（强度试验）合格后进行清洗。对于管道内杂物较多的管道系统，可在压力试验前进行清洗。

清洗前，应将管道系统内的流量孔板、滤网、温度计、调节阀阀芯、止回阀阀芯等拆除，待清洗合格后再重新装上。

清洗时，以管道系统内可能达到的最大压力和流量进行，直到出水口处的水色和透明度与入水口处目测一致。

（一）一般程序

管道冲洗的一般程序：①设计冲洗方案；②贯彻冲洗方案；③进行冲洗前检查；④开闸冲洗；⑤检查冲洗现场；⑥目测合格，关闸；⑦出水水质化验。

（二）基本规定

进行管道冲洗时，管道内水的流速不小于1 m/s；冲洗应连续进行，当出水口的水色、透明度与入水口处目测一致时即可取水化验；排水管截面积不应小于被冲洗管道截面积的60%；冲洗应安排在用水量较小、水压偏高的夜间进行。

（三）设计要点

1.冲洗水的水源

管道冲洗要用大量的水，水源必须充足。常用方法有两种：一种方法是被冲洗的管线可直接与新水源厂（水源地）的预留管道连通，开泵冲洗；另一种方法是用临时管道接通现有供水管网的管道进行冲洗。使用第二种方法时，必须选好接管位置，设计好临时管线。

2.放水路线

放水路线不得影响交通及附近建筑物（构筑物）的安全。放水管与被冲洗管的连接应严密、牢固；管上应装有阀门、排气管和放水取样龙头；放水管的弯头处必须进行临时加固，以确保安全工作。

3.排水路线

由于冲洗水量大并且较集中，冲洗管道时必须选好排水地点。若将其排至河道和下水道，要考虑河道和下水道的承受能力。临时放水口的截面积不得小于被冲洗管截面积的1/2。

4.人员组织

设专人指挥，严格实行冲洗方案；派专人巡视，由专人负责阀门的开启、关闭，并和有关协作单位密切配合。

5.制定安全措施

放水口处应设置围栏，由专人看管。夜间应设照明灯具等。

6.通信联络

配备通信设备，确定联络方式。

7.拆除冲洗设备

冲洗消毒完毕后，及时拆除临时设施，检查现场，恢复原有设施。

（四）放水冲洗注意事项

1.准备工作

放水冲洗前，相关单位应与管理单位联系，共同商定放水时间、用水量及取水化验时间等。管道第一次冲洗时应用清洁水冲洗到出水口水样浊度小于3 NTU为止。宜安排在城市用水量较小、管网水压偏高的时间进行冲洗。放水口应有明显标志和栏杆，夜间应加标志灯等安全措施。放水前，应仔细检查放水路线，确保其安全、畅通。

2.放水冲洗

放水时，应先开出水阀门，再开进水阀门。注意冲洗管段，特别是出水口的工作情况，做好排气工作，并派人监护放水路线，以便及时处理出现的问题。另外，支管线也应进行冲洗。

3.检查

检查沿线有无异常声响、冒水和设备故障等现象，观察出水口的水色、透明度。

4.关水

放水后应尽量使进水阀门、出水阀门同时关闭。如果做不到，可先关出水阀门，但暂不关死，等进水阀门关闭后，再将出水阀门全部关闭。

5.取水样化验

冲洗生活饮用水给水管道后，管理单位应在管内存清水24 h以上后再取水样进行化验。

二、管道消毒

由上文可知，对于生活饮用水的给水管道，管理单位会对管道内的水取样化验。如水质化验达不到要求，应将漂白粉溶液注入管道内浸泡消毒，然后再冲洗，最后经管理单位检验合格后交付验收。生活饮用水给水管道的水质应符合国家《生活饮用水卫生标准》（GB 5749—2022）的要求。

第四节　给排水管道开槽法施工

给排水管道工程多为地下铺设管道，为铺设地下管道进行土方开挖叫挖槽。开挖的槽叫作沟槽或基槽，为建筑物、构筑物开挖的坑叫基坑。在管道工程中，挖槽是主要工序，其特点是：管线长、工作量大、劳动繁重、施工条件复杂。又因为开挖的土成分较为复杂，施工中常受到水文地质、气候等因素的影响，因而一般较深的沟槽土壁常用木板或板桩支撑。当槽底位于地下水位以下时，须采取排水和降低地下水位的施工方法。

一、沟槽的形式

选择沟槽开挖断面的形式应考虑管道结构的施工是否方便，确保工程质量和施工安全。开挖断面要具有一定的强度和稳定性。在了解开挖地段的土壤性质及地下水位情况后，可结合管径大小、埋管深度、施工季节、地下构筑物情况（如施工现场及沟槽附近地下构筑物的位置）等来选择开挖方法，并合理地确定沟槽开挖断面。常采用的沟槽断面形式有直槽、梯形槽、混合槽等。当有两条或多条管道共同埋设时，必须采用混合槽。

（一）直槽

即槽帮边坡基本为直坡（边坡小于0.05的开挖断面）。直槽一般用于地质情况好、工期短、深度较浅的小管径工程，比如地下水位低于槽底，直槽深度不超过1.5 m。槽底在地下水位以下采用直槽时需考虑支撑问题。

（二）梯形槽（大开槽）

即槽帮具有一定坡度的开挖断面，开挖断面槽帮放坡，不用支撑。槽底如在地下水位以下，目前多采用人工降低水位的施工方法，减少支撑。采用此种大开槽断面，在土质好（如黏土、亚黏土）时，即使槽底在地下水以下，也可以在槽底挖出排水沟，进行表面排水，保证其槽帮土壤的稳定。大开槽断面是应用较多的一种形式，尤其适用于机械开挖的施工方法。

（三）混合槽

即由直槽与大开槽组合而成的多层开挖断面。较深的沟槽宜采用此种混合槽分层开挖断面。混合槽多为深槽施工。采取混合槽施工时，上部槽尽可能采用机械开挖，开挖下部槽时常常要同时考虑采用排水及支撑的施工措施。

沟槽开挖时，为防止地面水流入坑内冲刷边坡，造成塌方和破坏基土，上部应有排水措施。对于较大井室基槽的开挖，应先进行测量定位，抄平放线，定出开挖宽度，按放线分层挖土，根据土质和水文情况采取在四侧或两侧直立开挖和放坡的方法，以保证施工安全。放坡后基槽上口宽度由基础底面宽度及边坡坡度来决定。坑底宽度应根据管材、管外径和接口方式等确定，以便于施工操作。

二、开挖方法

沟槽开挖有人工开挖和机械开挖两种施工方法。

（一）人工开挖

在小管径、土方量少或施工现场狭窄、地下障碍物多、不易采用机械挖土或深槽作业时，或者底槽需要支撑，无法采用机械挖土时，通常采用人工挖土。

人工挖土使用的主要工具为铁锹、镐，主要施工工序为放线、开挖、修坡、清底等。

沟槽开挖须按开挖断面先求出中心到槽口边线的距离，并按此在施工现场设置开挖边线。槽深在2 m以内的沟槽，人工挖土与沟槽内出土可同时进行。较深的沟槽可分层开挖，每层开挖深度一般以2～3 m为宜，利用层间留台进行人工倒土、出土。在开挖过程中应控制开挖断面，将槽帮边坡挖出，槽帮边坡应不大于规定坡度，检查时可用坡度尺检验，外观不得有亏损、鼓胀现象，表面应平顺。

槽底土壤严禁扰动。挖槽在接近槽底时，要加强测量，注意清底，不要超挖。如果发现超挖，应按规定要求进行回填；槽底应保持平整，槽底高程及槽底中心每侧宽度均应符合设计要求；土方槽底高程偏差不大于±20 mm，石方槽底高程偏差为−20～−200 mm。

沟槽开挖时应注意施工安全，操作人员应有足够的安全施工工作面，防止铁锹、镐碰伤。槽帮上如有石块、碎砖应清走。原沟槽每隔50 m设一座梯子，上下沟槽应走梯子。在槽下作业的工人应戴安全帽。在深沟内挖土清底时，沟上要有专人监护，注意沟壁的完好程度，确保作业安全，防止沟壁塌方伤人。在每日上下班前，操作人员应检查沟槽有无裂缝、坍塌等现象。

（二）机械开挖

目前使用的挖土机械主要有推土机、单斗挖土机、装载机等。机械挖土的特点是效率高、速度快、占用工期少。为了充分体现机械施工的特点，提高机械利用率，保证安全生产，施工前的准备工作应做细，并合理选择施工机械。沟槽（基坑）的开挖，多采用机械开挖、人工清底的施工方法。

采用机械挖槽时，应保证槽底土壤不被扰动或破坏。一般情况下，机械不可能准确地将槽底按规定高程整平，设计槽底以上宜留20～30 cm不挖，后期用人工清挖的施工方法进行处理。

采用机械挖槽方法时，应向机械司机详细交底。交底内容一般包括挖槽断面（深度、槽帮坡度、宽度）的尺寸、堆土位置、电线高度、地下电缆、地下构筑物及施工要求，并根据情况会同机械操作人员做好安全生产措施，之后方可进行施工。机械司机进入施工现场后，应听从现场指挥人员的指挥，对现场涉及机械、人员安全的情况应及时提出意见，以确保安全。

指定专人与机械司机配合，保质保量，安全生产。其他配合人员应熟悉机械挖土有关安全操作规程，掌握沟槽开挖断面尺寸，算出应挖深度，及时测量槽底高程和宽度，防止超挖和亏挖；经常查看沟槽有无裂缝、坍塌迹象，注意机械工作安全。在挖掘前，当机械司机释放信号后，其他人员应离开工作区域，以维护施工现场安全。工作结束后，由专人指引机械司机将机械开到安全地带。指引机械工作和行动时，相关人员应注意上空线路及行车安全。

配合机械作业的土方辅助人员，如清底、平地、修坡人员应在机械的回转半径以外操作，如必须在其半径以内工作（如拨动石块的人员要处理的工作），则应在机械停止运转后再进入操作区。机上、机下人员应密切配合，当机械回转半径内有人时，严禁开动机器。在地下电缆附近工作时，必须查清地下电缆的走向并设置明显的标志。采用挖土机挖土时，其他工作人员应严格保持1 m以上的距离。其他各类管线也应查清走向，开挖断面应与管线保持一定距离，一般以0.5～1 m为宜。

无论是人工挖土还是机械开挖，管沟都应以设计管底标高为依据。要确保施工过程中沟底土壤不被扰动，不被水浸泡，不受冰冻，不遭污染。当无地下水时，挖至规定标高以上5～10 cm即可停挖；当有地下水时，则挖至规定标高以上10～15 cm，待下管前清底。

挖土不允许超过规定高程。若局部超挖，则应认真进行人工处理。当超挖在15 cm以内又无地下水时，可用原状土回填夯实，其密实度不应低于95%；当沟底有地下水或沟底土层含水量较大时，可用砂夹石回填。

三、下管

下管方法有人工下管法和机械下管法两种，应根据管子的重量和工程量的多少、施工环境、沟槽断面、工期要求及设备供应等情况综合考虑确定。

（一）人工下管法

人工下管应以施工方便、操作安全为原则，可根据工人操作的熟练程度、管子重量、管子长短、施工条件、沟槽深浅等因素综合考虑。其适用范围为：管径小，自重轻；施工现场狭窄，不便于机械操作；工程量较小，而且机械供应有困难。

1.贯绳下管法

适用于管径小于30 cm的混凝土管、缸瓦管。用带铁钩的粗白棕绳，由管内穿出，钩住管头，然后一边用人工控制白棕绳，一边滚管，将管子缓慢送入沟槽内。

2.压绳下管法

压绳下管法是人工下管法中比较常用的一种方法，适用于中、小型管子，操作灵活。具体操作是在沟槽上边打入两根撬棍，分别套住一根下管大绳，用脚踩牢绳子一端，用手拉住绳子另一端，听从一人号令，徐徐放松绳子，直至将管子放至沟槽底部。

当管子自重大，一根撬棍的摩擦力不能克服管子自重时，两边可各多打入一根撬棍，以增加绳子的摩擦阻力。

3.集中压绳下管法

此种方法适用较大管径，即从固定位置往沟槽内下管，然后在沟槽内将管子运至稳管位置。在下管处埋入1/2立管长度，内填土方，将下管用两根大绳缠绕（一般绕一圈）在立管上，绳子一端固定，另一端由人工操作，利用绳子与立管之间的摩擦力控制下管速度。操作时应注意，两边放绳速度要均匀，防止管子倾斜。

4.搭架法（吊链下管）

常用的有三角架或四角架法，在塔架上装上吊链起吊管子。其操作过程如下：先在沟槽上铺上方木，将管子滚至方木上。用吊链将管子吊起，撤出原铺方木，操作吊链使管子徐徐下入沟底。下管用的大绳应质地坚固、不断股、不糟朽、无夹心。

（二）机械下管法

机械下管速度快、安全，并且可以减轻工人的劳动强度。在条件允许时，应尽可能采用机械下管法。其适用范围为：管径大，自重大；沟槽深，工程量大；施工现场便于机械操作。

机械下管一般沿沟槽移动。因此，沟槽开挖时应在一侧堆土，将另一侧作为机械工作面。应有运输道路、管材堆放场地。管子应堆放在下管机械的臂长范围之内，以避免管材的二次搬运。

机械下管应视管子重量选择起重机械，常用的有汽车起重机和履带式起重机。采用机械下管法时，应设专人统一指挥。机械下管不应单点起吊，采用两点起吊时应找好重心，平吊轻放。

禁止起重机在斜坡地方吊着管子回转。轮胎式起重机在作业前应将支腿撑好，轮胎不应承担起吊的重量。支腿距沟边要有2 m以上的距离，必要时应垫木板。在起吊作业区内，禁止无关人员停留或通过。在吊钩和被吊起的重物下，严禁任何人通过或站立。起吊作业不应在带电的架空线路下进行；在架空线路同侧作业时，起重机臂杆应与架空线路保持一定的安全距离。

四、稳管

稳管是将每节符合质量要求的管子按照设计的平面设置和高程稳定在地基或基础上。

（一）管轴线位置的控制

管轴线位置的控制是指所铺设的管线符合设计规定的坐标位置。其方法是在稳管前由测量人员将管中心钉测设在坡度板上，稳管时由操作人员将坡度板上中心钉挂上小线，即为管子轴线位置。

1.中线对中法

即在中心线上挂一垂球，在管内放置一块带有中心刻度的水平尺，当垂球线穿过水平尺的中心刻度时，表示管子已经对中。倘若垂线往水平尺中心刻度左边偏离，表明管子往右偏离了中心线，这时就要调整管子位置，使其居中为止。

2.边线对中法

即在管子同一侧钉一排边桩，其高度接近管中心处。在边桩上钉一小钉，其位置距中心垂线保持同一常数值。稳管时，将边桩上的小钉挂上边线，即边线是与中心垂线相距同一距离的水平线。在进行稳管操作时，若管外皮与边线保持同一距离，则表示管道中心处于设计轴线位置。

（二）管内底高程控制

沟槽开挖接近设计标高，由测量人员埋设坡度板，在坡度板上标出桩号、高程和中心钉。坡度板应设间距：排水管道一般为10 m，给水管道一般为15～20 m。管道平面及纵向折点和附属构筑物处，可根据需要增设坡度板。

相邻两块坡度板的高程钉至管内底的垂直距离若保持一常数，则说明两个高程钉的连线坡度与管内底坡度相平行，该连线称坡度线。坡度线上任何一点到管内底的垂直距离为一常数，该常数即下反数。稳管时，可用一木制丁字形高程尺，上面标出下反数刻度，将高程尺垂直放在管内底中心位置，调整管子高程。若高程尺下反数的刻度与坡度线相重合，则表明管内底高程合适。

稳管工作的对中和对高程工作应同时进行，根据管径大小，可由2人或4人互相配合操作。稳好后的管子应用石子垫牢。

五、沟槽回填

管道主要采用沟槽埋设的方式，由于回填土部分和沟壁原状土不是一个整体结构，整个沟槽的回填土对管顶存在一个作用力，而压力管道埋设于地下，一般不做人工基础。给排水管道工程对回填土的密实度要求较高，然而满足这一要求并不容易。

管道在安装及输送介质的初期一直处于沉降的不稳定状态。对土壤而言，这种沉降通常可分为三个阶段：第一阶段是逐步压缩，使受扰动的沟底土壤受重压；第二阶段是土壤在它弹性限度内的沉降；第三阶段是土壤受压超过其弹性限度的压实性沉降。

就管道的施工工序而言，管道沉降分为五个过程：管子放入沟内，管材自重使沟底表层的土壤压缩，引起管道第一次沉降，如果在管子入沟前没挖接头坑，在这一沉降过程中，当沟底土壤较密、承载能力较大，管道口径较小时，管和土的接触主要在承口部位；开挖接头坑后，管身与土壤接触或接触面积的变化，会引起第二次沉降；管道灌满水后，管重的变化会引起第三次沉降；管沟回填土后，会引起第四次沉降；实践证明，整个沉降过程不因沟槽内土的回填而终止，它还有一个较长时期的缓慢的沉降过程，这就是第五次沉降。

管道的沉降是管道垂直方向的位移，是管底土壤受力后变形所致。沉降的快慢及沉降量的大小，随着土壤的承载力、管道作用于沟底土壤的压力、管道和土壤接触面形状的变化而变化。

如果管底土质发生变化，管接口及管道两侧回填土的密实度不均匀，就可能发生管道的不均匀沉降，引起管接口的应力集中，造成接口漏水等事故。而这些漏水事故又可能引起管基础的破坏，水土流移，反过来加剧管道的不均匀沉降，最后导致更大程度的损坏。

管道沟槽的回填，特别是管腔两侧土的回填极为重要，否则管道会因应力集中而变形、破裂。

（一）回填土施工

回填土施工包括填土、摊平、夯实、检查四个工序。回填土土质应符合设计要求，保证填方的强度和稳定性。

管腔两侧应同时分层填土摊平，夯实也应同时以同一速度前进。管子上方土的回填，从纵断面上看，在厚土层与薄土层之间，已夯实土与未夯实土之间，应有较长的过渡段，以免管子受压不均匀发生开裂。相邻两层回填土的分装位置应错开。

在管腔两侧和管顶以上50 cm范围内夯土时，如果夯击力过大，则会使管壁或沟壁开裂，因此应根据管沟的强度确定夯实机械。

每层土夯实后，应测定密实度。回填后应使沟槽上土面呈拱形，以免日久因土沉降而造成地面下凹。

（二）冬季和雨季施工

1.冬季施工

应尽量采取措施缩短施工段落，分层薄填，迅速夯实，铺土须当天完成。

管道上方计划修筑路面的地段不得回填冻土。上方无修筑路面计划的地段，管腔两侧及管道顶以上50 cm范围内不得回填冻土，其上部回填冻土含量也不能超过填方总体积的15%，且冻土块最大尺寸不得大于10 cm。

冬季施工应根据回填冻土含量、填土高度、土壤种类来确定预留沉降度，一般中心部分高出地面10～20 cm为宜。

2.雨季施工

①还土时，应边还土边碾压夯实，当日回填当日夯实；

②雨后还土应先测出土壤含水量，对过湿土应进行处理；

③槽内有水时，在排除水后方可回填；取土回填时，应避免造成地面水流向槽内的通道。

第五节　给排水管道不开槽法施工

给排水管道在穿越铁路、河流、土坝等重要建筑物和不适宜采用开槽法施工时，可选用不开槽法施工。其施工特点如下：不需要拆除地上的建筑物，不影响地面交通，土方开挖量较少，管道不必设置基础和管座，不受季节影响，有利于文明施工。

管道不开槽法施工种类较多，可归纳为掘进顶管法、不取土顶管法、盾构法和暗挖法等。本节主要介绍掘进顶管法和盾构法。

一、掘进顶管法

掘进顶管法主要包括人工取土顶管法、机械取土顶管法和水力冲刷顶管法等。

（一）人工取土顶管法

人工取土顶管法是靠人工在管内端部挖掘土壤，然后在工作坑内借助顶进设备，把铺设的管子按设计中心和高程的要求顶入，并用小车将土从管中运出的方法。人工取土顶管法适用于管径大于800 mm的管道顶进，在具体施工中的应用范围较广。

1.顶管施工的准备工作

工作坑是掘进顶管施工的主要工作场所。在施工时，应有足够的空间和工作面，以满足下管、安装顶进设备和操作间距等方面的要求。在施工前，要选定工作坑的位置、尺寸，还要进行顶管后背计算。顶管时，后背不应当破坏或产生不允许的压缩变形。工作坑的位置可根据以下条件确定：

①根据管线设计，排水管线可选在检查井处。

②单向顶进时，应选在管道下游端，以利排水。

③考虑地形和土质情况，应选择可利用的原土后背。

④工作坑与被穿过的建筑物要有一定的安全距离，且距水源、电源较近。

2.挖土与运土

管前挖土是保证顶进质量及地上构筑物安全的关键，管前挖土的方向和开挖形状直接影响顶进管位的准确性。由于管子在顶进中是循着已挖好的土壁前进的，因此相关部门应严格控制管前周围的超挖现象。

管前挖土深度一般等于千斤顶出镐长度，如土质较好，可超挖0.5 m。若超挖深度过大，土壁开挖形状就不易控制，易引起管位偏差和上方土坍塌等问题。在松软土层中顶进时，应加固管顶上部土壤或在管前安设管檐。

管前挖出的土应及时外运。管径较大时，可用双轮手推车推运。管径较小时，应采用双筒卷扬机牵引四轮小车出土。

3.顶进

顶进是利用千斤顶出镐，在后背不动的情况下将管子向前推进。其操作过程如下：

①安装好顶铁、挤牢，在管前端已挖一定长度后，启动油泵，千斤顶进油，活塞伸出一个工作行程，将管子推进一定距离。

②停止油泵，打开控制闸，千斤顶回油，活塞回缩。

③添加顶铁，重复上述操作，直至需要安装下一节管子为止。

④卸下顶铁，下管，在混凝土管接口处放一圈麻绳，以保证接口缝隙的密封性和受力的均匀性。

⑤在管内口处安装一个内涨圈，其直径应小于管内径，空隙用木楔背紧。内涨圈用7～8 mm厚钢板焊制，宽在200～300 mm，作为临时性加固措施，防止顶进纠偏时错口。

⑥重新装好顶铁，重复上述操作。

在顶进过程中，要做好顶管测量及误差校正工作。

（二）机械取土顶管法

机械取土顶管与人工取土顶管除了掘进方式和管内运土方式不同，其余部分大致相同。机械取土顶管法是在被顶进管道前端安装机械钻进的挖土设备，配以机械运土，从而代替人工挖土和运土的顶管方法。

（三）水力冲刷顶管法

水力冲刷顶管法结合了顶管施工的基本原理和水力冲刷技术。在顶进过程中，通过安装在管道头部的钻掘系统切削土屑，并利用高压水流将切削下来的土体冲刷成泥浆。泥浆随后通过泥浆管道输送至地面，经过沉淀等处理后运至指定地点。这样，管道在顶进时遇到的阻力大大减小，施工效率也随之提高。

1.施工流程

准备阶段：包括工程地质勘察、施工方案设计、工作井和接收井的开挖、顶管设备的安装与调试等。

管道就位：将预制好的管道吊入工作井，并安放在导轨上，确保管道与顶管设备连接牢固。

水力冲刷：启动水力冲刷系统，利用高压水流冲刷管道前方的土体，将土体转化为泥浆。

泥浆输送：泥浆通过泥浆管道输送至地面，经过沉淀等处理后运至指定地点。

管道顶进：在进行水力冲刷和泥浆输送环节的同时，利用顶推设备将管道逐段向前顶进。

监测与调整：通过测量系统实时监测管道的位置和顶进状态，及时调整顶进参数和方向，确保管道沿着预定轨迹顶进。

2.特点与优势

减小阻力：借助水力冲刷，将管道前方的土体转化为泥浆并排出，减小了管道顶进时的阻力。

提高施工效率：阻力的减小，使得管道的顶进速度加快，从而提高了施工效率。

环保节能：泥浆经过处理后可以回收利用或安全排放，减少了对环境的污染。

适应性强：水力冲刷顶管法适用于多种地质条件，如软土、沙土等。

3.注意事项

确保施工安全：在施工过程中，施工人员应严格遵守安全操作规程，确保自身和设备的安全。

加强监测与调整：通过实时监测和调整顶进参数和方向，确保管道沿着预定轨迹顶进。

做好泥浆处理工作：泥浆处理应达到环保要求，避免对周围环境造成污染。

综上所述，水力冲刷顶管法是一种高效、环保、适应性强的掘进顶管法，在地下管道施工中具有广泛的应用前景。

二、盾构法

盾构是用于地下不开槽法施工时进行地层开挖及衬砌拼装时起支护作用的施工设备，由开挖系统、推进系统和衬砌拼装系统三部分组成。

（一）施工准备

在进行盾构施工前，应根据设计提供的图纸和有关资料，对施工现场进行详细勘察，对地上和地下障碍物、地形、土质、地下水和现场条件等诸多方面进行了解，根据勘察结果，编制盾构施工方案。

进行盾构施工的准备工作还应包括测量定线、衬块预制、盾构机械组装、降低地下水位、土层加固及工作坑开挖等。

（二）盾构工作坑及始顶

盾构法施工同样需要设置工作坑。开始工作坑与顶管工作坑相似，其尺寸应满足盾构机和顶进设备的尺寸要求。工作坑的周壁应进行支撑或采用沉井、连续墙等方式进行加固,以防止坍塌;同时,还应在顶进装置的背后构筑牢固的后背。

盾构在工作坑导轨上至盾构完全进入土中的这一段距离,借助外部千斤顶顶进,与顶管方法相同。当盾构进入土中,在开始工作坑后背与盾构衬砌环之间各设置一个木环,其尺寸与衬砌环相同,在两个木环之间用圆木支撑,作为始顶段盾构千斤顶的支撑结构。

顶段开始后,即可启用盾构本身千斤顶,将切削环的刃口切入土中,在切削环掩护下进行掘土,一面出土一面将衬砌块运入盾构内。待千斤顶回镐后,对其空隙部分进行砌块拼装。然后,以衬砌环为后背,再次启动千斤顶。重复上述操作,盾构便能不断前进。

(三)衬砌和灌浆

按照设计要求,需要确定砌块的形状、尺寸和接缝方法。接缝方法主要有平口、企口和螺栓连接三种。其中,企口接缝的防水性能好,但拼装过程相对复杂;螺栓连接的整体性较好,刚度大。为了提高防水性能,砌块接口处需要涂抹黏结剂。砌块外壁与土壁之间的间隙,应使用水泥砂浆或豆石混凝土浇筑。

通常情况下,每隔3~5个衬砌环就会设置一个灌注孔环,该环上设有4~10个灌注孔,灌注孔的直径不小于36 mm。灌浆作业应及时进行,灌入时应遵循自下而上、左右对称的顺序。在灌浆过程中,应防止浆液漏入盾构内,因此在灌浆前要做好止水措施。

砌块衬砌和缝隙注浆合称为一次衬砌。在一次衬砌合格后,根据动能要求,可以进行二次衬砌。二次衬砌可以选择浇筑豆石混凝土、喷射混凝土等方式进行。

第四章　BIM技术与市政给排水工程

第一节　BIM技术概述

一、BIM的概念

建筑信息模型（Building Information Model, BIM）是21世纪建筑行业的一项新兴技术。BIM是以三维数字技术为基础，集成了建筑工程项目各种相关信息的工程数据模型，是对工程项目设施实体与功能特性的数字化表达。一个完善的信息模型，能够连接建筑项目生命期不同阶段的数据、过程和资源，是对工程对象的完整描述，可被建设项目各参与方普遍使用。

BIM具有单一工程数据源，可解决分布式、异构工程数据之间的一致性和全共享问题，支持建设项目生命期中动态的工程信息创建、管理和共享。BIM同时又是一种应用于设计、建造、管理的数字化方法，这种方法支持建筑工程的集成管理环境，可以使建筑工程在其整个进程中显著提高效率和大幅降低风险。

二、BIM技术的特点

BIM以建筑工程项目的各项相关信息数据为基础，建立建筑模型。它通过数字信息仿真模拟建筑物所具有的真实信息，并具有可视化、协调性、模拟性、优化性、可出图性、一体化性和参数化性等特点。

（一）可视化

BIM技术的可视化特点在于它能够将复杂的建筑信息以三维图像的形式直观地展现出来，使得建筑项目的所有参与方（包括设计师、工程师、施工人员和客户）都能够清楚地理解设计意图和建筑细节。这种可视化不仅限于建筑外观和结构，还包括建筑内部的设备、管线、装修等各个方面。通过BIM模型，用户可以自由地进行缩放、旋转和平移等操作，从不同的视角和细节层次来观察建筑模型，从而更好地进行沟通和决策。

BIM技术的可视化不仅仅是静态的展示，更重要的是能够实现构件之间的互动和反馈。设计师可以在模型中对构件进行移动、旋转、缩放等操作，观察这些操作对建筑整体的影响。同时，模型还能够根据设计参数的变化自动更新，提供实时的反馈信息，帮助设计师更好地理解设计效果。

（二）协调性

BIM技术的协调性主要体现在以下几个方面：

1.专业间的协调

BIM模型将建筑、结构、机电等各个专业的信息整合在一起，使得不同专业的设计师能够在同一个平台上工作。通过BIM模型，不同专业的设计师可以实时查看和了解其他专业的设计情况，从而提前发现并解决可能存在的冲突和碰撞问题。这种协调性不仅提高了设计效率和质量，还降低了后期修改和返工的成本。

2.空间协调

BIM模型可以精确地表示建筑物的三维空间关系，包括各种构件的位置、尺寸和相互关系。通过BIM模型，设计师可以更加直观地了解建筑空间的使用情况和存在的问题，从而进行合理的空间规划和布局调整。

3.时间协调

BIM模型中的信息可以随时间进行更新和调整，确保项目在整个生命周期内的信息一致性和准确性。通过BIM模型，项目团队可以模拟施工进度和安排，提前发现并解决潜在的时间冲突和资源瓶颈问题。

（三）模拟性

BIM技术的模拟性是指它能够模拟真实的建筑环境和交互效果，帮助用户在设计、施工和运营阶段进行各种模拟和分析。BIM技术的模拟性主要包括以下几个方面：

1.物理环境模拟

通过BIM模型，可以对建筑物的物理环境进行模拟和分析，如光照、通风、热传导等。这有助于设计师评估和优化建筑性能，提高居住和工作的舒适度。

2.施工过程模拟

利用BIM技术，可以模拟施工过程中的各个环节和步骤，包括施工顺序、施工方法、施工时间等。这有助于施工人员提前了解施工难点和风险点，确定合理的施工方案和计划。

3.紧急情况模拟

利用BIM技术还可以模拟各种紧急情况，如火灾、地震等。模拟紧急情况的发生和发展过程，有助于评估建筑物的安全性和应急响应能力，并拟定相应的应急预案和措施。

（四）优化性

BIM技术的优化性主要体现在以下几个方面：

1.设计方案优化

通过BIM模型，可以对不同的设计方案进行比较和分析，评估其优劣性并选出最佳方案。这有助于设计师在设计阶段就充分考虑各种因素并做出合理的决策。

2.施工流程优化

模拟施工过程和分析施工数据，可以优化施工流程和提高施工效率。例如，通过调整施工顺序或采用新的施工方法可以减少施工时间和成本。

3.运营维护优化

在运营阶段通过BIM模型可以对建筑物的使用情况进行监测和分析，并预测可能出现的问题和故障。这有助于物业管理人员提前确定维护计划和方案，并降低运营成本。

（五）可出图性

BIM技术的可出图性是指它可以根据模型自动生成各种施工图纸和深化图纸。这些图纸不仅包括传统的平面图、立面图、剖面图等二维图纸，还包括三维视图、详图以及施工模拟动画等。通过BIM技术生成的图纸不仅准确度高而且易于理解和沟通，有助于减少由于图纸错误或理解偏差产生的问题。

（六）一体化性

BIM技术的一体化性主要体现在以下几个方面：

1.设计与施工一体化

BIM技术将设计与施工环节紧密联系在一起。共享同一套模型信息，使得设计与施工之间能够实现无缝对接和高效协同工作。

2.全生命周期管理一体化

BIM技术贯穿于建筑项目的全生命周期，包括规划、设计、施工、运营等各个阶段。借助BIM模型，有助于实现对项目全过程的跟踪和管理，提高项目的整体效率和质量。

（七）参数化性

BIM技术的参数化性是指它采用参数化建模方式，将建筑模型中的各个元素与参数相关联，实现模型的动态更新和调整。这种参数化建模方式具有以下优点：

1.提高建模效率

通过定义参数和规则，BIM技术可以自动生成相应的建筑元素和细节，从而减少手工建模的工作量和时间成本。

2.增强模型的灵活性

参数化模型可以根据不同的需求和场景进行快速调整和优化，满足不同的设计要求和施工条件。

3.促进协同工作

参数化模型支持多人协同编辑和修改，各个专业人员可以在同一个模型上进行工作，实现信息的实时共享和同步更新。

综上所述，BIM技术的可视化、协调性、模拟性、优化性、可出图性、一体化性和参数化性共同构成了其在建筑行业中的核心竞争力，推动了建筑行业的数字化转型和智能化发展。

三、BIM技术的优势

BIM所追求的是根据业主的需求，在建筑全生命周期之内，以最小的成本、最有效的方式建设性能最好的建筑。相比于传统做法，BIM技术有着非常明显的优势。

（一）成本

不同于传统工程项目，BIM项目需要项目各参与方从设计阶段就开始紧密合作，并通过多方位的检查及性能模拟，不断改善和优化建筑设计。同时，BIM技术本身具有信息互联特性，可以在改善设计过程中确保数据的完整性与准确性，因此，其可以帮助相关人员大大减少在施工阶段因图纸错误而需要变更设计的问题。

此外，BIM技术在造价管理方面有着先天优势。众所周知，价格是随经济市场的变动而变化的，价格的真实性取决于相关人员对市场信息的掌握情况。而BIM技术可以通过与互联网的连接，再根据模型所具有的几何特性，实时计算出工程造价。同时，由于所有计算都是由计算机自动完成，可以避免手工计算所带来的失误。因此，项目参与方所获得的预算量通常比较贴近实际工程，控制成本更为方便。

对于全生命周期费用，因为BIM项目大部分决策是在项目前期由各方共同进行的，前期所需费用会比传统方式有所增加。但是，在项目经过某一临界点之后，前期所做的努力会给整个项目带来巨大的利益。

（二）进度

传统进度管理主要依靠人工完成。项目参与方向进度管理人员提供、索取相关数据，并由进度管理人员负责更新和发布后续信息。这种管理方式缺乏及时性与准确性，对工期影响较大。

对于BIM项目，各参与方是在同一平台，利用同一模型完成项目的，因此可以非常迅速地查询项目进度，并协商后续的工作计划。特别是在施工阶段，施工方可以通过BIM技术对施工进度进行模拟，以此优化施工组织方案，从而减少施工误差和返工，缩短施工工期。

（三）质量

保障建筑物的质量可以说是实现其他一切目标的前提。相关人员不能因为赶进度而忽视建筑物的质量。建筑质量的保障不仅可以给业主及使用者带来舒适的环境，还可以大幅降低运营费用、提高建筑使用效率，进而实现可持续发展。

在设计阶段，设计师与工程师可通过BIM进行建筑仿真模拟，并根据结果提高建筑物的性能。

施工阶段的施工组织模拟，可以为施工方在进行实际施工前提出注意点，以防出现太多问题。当然，建得再好的建筑物，如果没有后期维护，那么也很难保持其初期质量。在运维阶段，通过BIM与物联网的合作，相关人员可以实时监控建筑物的运行状态，并据此在最短时间内定位故障位置，进行维修。

（四）安全

BIM与安全的结合使得项目安全管控上升到一个新高度。在重大项目方案编制阶段，运用BIM技术进行模拟施工，可以使相关人员直观地了解重大危险源的具体施工时间、进度、施工方式及存在的安全隐患，有针对性地制定安全预防措施，确保重大危险源施工安全。同时，在日常安全管理中，相关人员利用BIM模型可以全面地排查现场"四口""五临边"的位置及大小。

（五）环保

BIM技术在环保方面也有很大的优势。比如：通过利用BIM技术的建模和预测功能，相关人员可以精确计算材料需求，避免过度采购和浪费材料；BIM技术还可以帮助施工人员优化施工流程，从而减少因施工变更而产生的废弃物，实现绿色施工；BIM技术可以实现对建筑全生命周期内资源的优化配置，包括设计、施工、运营和维护等各个阶段，通过优化资源利用，减少浪费，提高资源利用效率，从而达到环保的目的。

四、在市政给排水工程中应用BIM技术的必要性

（一）可应对复杂的实际情况

市政给排水工程往往涉及大范围的施工区域、复杂的地下管网布局及多种专业的协同作业。BIM技术通过其强大的数据集成与可视化功能，能够有效应对这些复杂的局面。

（二）能有效提升设计与施工效率

传统的设计和施工方法往往存在信息闭塞、沟通不畅等问题，导致设计变更频繁、出现施工延误等后果。BIM技术通过提供统一的信息平台，可促进设计、施工、运维等各阶段各参与方的紧密协作，进而提升设计与施工的效率。

（三）可降低工程风险与成本

BIM技术能够帮助相关人员在设计阶段就发现并解决潜在的设计冲突和错误，减少设计变更和返工的风险。同时，通过精确的工程量计算和成本估算，借助BIM技术可以合理控制工程造价，降低工程成本。

（四）能满足可持续发展需求

随着城市化进程的加快和环保意识的提升，市政给排水工程需要更加注重可持续发展。BIM技术可提供全面的环境信息分析和模拟功能，有助于人们实现绿色设计和节能减排目标。

（五）能提高施工管理水平

相关人员可利用BIM技术模拟施工过程和进行碰撞检测等，从而提前发现并解决施工中的潜在问题，减少施工中的不确定性和风险。同时，相关人员还能利用BIM技术实现对施工进度的实时监控和动态调整，提高施工管理水平。

（六）能促进多专业协同作业

市政给排水工程涉及多个专业领域的协同作业。BIM技术通过提供统一的信息平台和协同工具，可促进各专业之间的信息共享和沟通协作，进而提高工程整体的质量和效率。

第二节　BIM技术在市政
给排水工程中的具体应用

BIM技术能够辅助建筑工程建设，使其更加科学化、合理化、规范化。在该项技术的支持下，不管是对工程项目的基本框架结构，还是对某一工序的实施，相关人员都能够获取基本元素的相关数据及化学、物理等方面的信息，从而科学、合理地构建建筑模型，并对建筑工程基本框架结构或者施工工序进行分析。另外，如果将BIM技术有效地运用于建筑工程施工阶段，那么相关人员还能够了解工程施工的相关元素的整体特点，比如物理特点、化学特点、元素之间的彼此联系等，从而更加客观地分析施工作业是否存在问题，有针对性地调整施工作业，为提高工程施工质量创造条件。

当然，为了使BIM技术能够在工程建设中充分发挥作用，相关人员需要准确把控该工程项目的全生命周期。

一、建立管网模型

在建立市政给排水管网工程项目模型的过程中，相关人员首先要对系统进行分类。比如：在使用某一个软件来对管线进行设计的过程中，首先需要建立一个机械模板，当这个模板建立完成之后，就需要对所使用的管道类型进行分析，然后根据它们的类型进行管道系统设计。一般情况下，在设计市政给排水管网工程项目的过程中，设计人员主要设计的是给水管、污水管、雨水管、废水管和给水消防管等。由于每一个管道具体的用途不一样，那么在设计的过程中，设计人员要根据管道具体的用途和使用的材料，对各个管道进行区分。设计人员可以利用不同的颜色来区分不同的管道，这样可以使自己的统计工作更加便利。在这个环节的工作完成之后，就要开始建立模型了。

在建立模型的过程中，设计人员主要考虑各个阀门和管件的结构，应做到具体问题具体分析。根据市政给排水工程项目的具体特点和实际情况来选择合适的建立模型的方法。设计人员根据BIM系统中的提示来标记出各个管道的高度、位置等基本信息，从而为顺利建立管网模型奠定坚实的基础。

二、设计出图

（一）总图设计和管网综合优化设计

在设计阶段，设计人员可通过集成各单体构筑物，模拟总图布局，进行总图设计。其可采用Revit、Navisworks等软件进行场地布置，利用MagiCAD进行总图管线建模，找到科学合理、经济适用的布线方案。由于污水处理厂工程相对民用建筑给排水，布局较分散，所以一般可以通过建模直接发现碰撞点，从而有效地避免施工过程中的返工和图纸变更。

（二）碰撞检测和预留洞口统计

利用Revit、Navisworks进行土建模型和安装模型的集成和碰撞检测，自动生成预留洞口，从而为项目现场顺利施工提供有效指导和参考。

（三）管道分段和预制跟踪

相关人员可通过MagiCAD对总图各类管网进行分段设计，并按照规格、材质和定尺长度，将总图管网分别进行分段编号，制作总图管网跟踪清单。指导施工现场进行管道的统一预制，精确投放，按节点编号进行安装，从而大大提高安装工作效率，减少施工损耗和二次搬运费用。

（四）变更管理

相关人员可在工程BIM模型中添加"模型变更"项目参数。工程在建造过程中遇设计变更时需进行模型修改，相关人员可通过项目参数将模型变更图元与设计变更依据相关联，使得通过链接的方式可快速查找到相关建模依据。相关人员应保证工程BIM模型信息的完整性，后期可根据BIM模型出具竣工蓝图。

（五）设计深化和三维出图

相关人员可利用BIM技术对工程的复杂节点和二维布置不易表达的部分进行三维设计深化，绘制三维轴测图，来增强图纸的表达效果。

三、综合管线的碰撞分析

碰撞分析是整个BIM设计工作流程中比较核心的部分。BIM技术以"层"为单位将涉及给排水的工程集合为一个单元，并在Revit软件中导出相应的Navisworks模型。Navisworks的碰撞报告包括碰撞位置的图片、项目ID和坐标等信息，比较直观方便，而且便于修改后进行二次检查。共同使用Navisworks与Revit，可减少各种管网的错漏碰缺。在将错误之处的ID排查出来后，相关人员用鼠标选中其中一个冲突构件就可进行修改，修改的原则是大管、主干管优先，小管、分支管次之，且小工程量让大工程量。

以某市政主干道的地下管线为例。相关人员利用BIM技术对专业模型进行整合，发现的主碰撞问题有100多个；在进行优化设计后，利用虚拟人物漫游，提前查看了各种错漏碰缺问题；在所有优化完成后，生成优化方案。该方案的实施最大限度地提升了城市地下空间的利用效率。除此之外，相关人员还可以快速、准确地提取给排水管线的工程量，在设计变更后实时获得更新的数据。

四、辅助确定基坑开挖的位置

一般情况下，市政给排水工程项目的施工周期都不长。采用BIM技术成为施工人员提升施工效率与准确性的关键手段。

通过BIM技术，施工人员可以将管线的设计图纸与三维模型紧密结合，并纳入碰撞检测报告进行综合分析。这一集成化的工作流程使得施工人员能够直观地理解管线的空间布局，包括其高度、精确位置及分布细节。利用BIM的可视化特点，施工人员能够快速识别并定位可能存在的管线碰撞点，从而提前规避施工冲突，优化施工方案。

基于BIM的分析结果，施工人员能够确定基坑开挖的位置，确保开挖作业既符合设计要求又能避免对既有管线的破坏。这种方式不仅提高了施工效率，减少了因错误开挖或返工导致的时间和成本浪费，还增强了施工过程中的安全性和可持续性。

五、拟定施工方案

在市政给排水工程项目施工中，BIM技术的应用不仅能够为施工人员提供管线的模型，帮助施工人员检测管线的碰撞情况，还可以提高施工方案的合理性。对于地下管线的施工，地下施工和地上施工之间存在差异，且地下环境比较恶劣，导致施工人员难以准确地掌握各个管线的类型、位置等。BIM技术的应用不仅能帮助施工人员了解地下各个管线的类型、位置等基本情况，提高施工精度，而且能帮助其合理安排施工时间和顺序、安排人机料等，从而确保项目高效推进。

六、在协同方面的应用

在市政给排水工程中，BIM技术的应用极大地提升了设计效率与精准度。通过构建信息模型，该技术能够全面汇聚和展示给排水构筑物设计中所涉及的各类信息，比如详细标注的水泵的具体尺寸及其实际用电量等。这一特性使得设计团队能够清楚地掌握设备的详细规格与运行能耗，为优化设计方案提供了可靠的数据基础。

再者，BIM技术的跨专业信息整合能力尤为突出。当需要对水泵的电量进行调整时，系统能够自动读取关联信息，并据此对负荷计算进行针对性的重新评估与调整。这一过程不仅简化了传统设计中烦琐的手动计算步骤，还确保了信息的实时性与准确性，有效避免了信息滞后或错误导致的设计失误。

　　此外，BIM模型还具备强大的检查与校验功能。它能够自动检测设计中潜在的冲突与不合理之处，如管线碰撞、负荷过载等，从而提前预警并引导设计人员进行修正。这种前置性的检查机制极大地提高了设计质量，降低了后期施工中的变更风险与成本。

第五章 节水节能技术
与市政给排水工程

第一节 节水节能技术概述

随着我国城市化步伐的日益加快，城市版图持续扩张，随之而来的是对各类资源，特别是水资源的消耗量急剧上升。水资源，作为维系人类生存与发展的命脉，不仅是城市居民日常生活的必需品，也是支撑城市工业生产不可或缺的关键要素。由于我国人口基数庞大，人均水资源占有量相对较少，节约水资源、减少水体污染、推广节水节能措施已成为全社会共同的责任与使命。

在此背景下，城市基础设施建设中的给排水系统规划与设计，亟须融入节能环保的理念。这意味着相关人员不仅要科学规划水资源的调配与利用，还要积极探索并实践生活污水的有效处理与循环利用技术，力求在减少环境污染的同时，实现水资源的最大化利用目标。因此，深入研究并应用市政给排水工程建设中的节水节能策略，对于促进城市的可持续发展、保障水资源安全、提升居民生活质量具有不可估量的意义。

一、节水与节能

（一）节水

节水是指通过加强用水管理，转变用水方式，采取技术上可行、经济上合理的措施，降低水资源消耗、减少水资源损失、防止水资源浪费，合理、有效利用水资源的活动。近年来，我国高度重视节水工作，通过制定和实施一系列政策与法规来推动给排水系统的节水。

党的十八大以来，在"节水优先、空间均衡、系统治理、两手发力"的治水思路的指引下，我国推动用水方式向节约集约转变。2024年，国家发布了《节约用水条例》，为我国的节水工作提供了法律保障。此外，各省相关部门也结合实际，制定地方性节水法规，进一步完善了节水制度政策体系。

（二）节能

随着社会的不断进步与科学技术的不断发展，人们越来越认识到环境对人类发展的重要性。各国都在采取积极有效的措施改善环境，减少污染。其中最为重要也是最为紧迫的问题就是能源问题，要从根本上解决能源问题，除了寻找新的能源，节能是关键的也是目前最直接有效的重要措施。最近几年，通过努力，我国在节能技术的研究和产品开发上都取得了巨大的成果。

按照《中华人民共和国节约能源法》，节能是指加强用能管理，采取技术上可行、经济上合理及环境和社会可以承受的措施，从能源生产到消费的各个环节，降低消耗、减少损失和污染物排放、制止浪费，有效、合理地利用能源。其中，技术上可行是指在现有技术基础上可以实现；经济上合理就是要有一个合适的投入产出比；环境可以接受是指节能还要减少对环境的污染，相关指标要达到环保要求；社会可以接受是指不影响人们正常的生产与生活水平的提高；有效、合理地利用能源就是要降低能源的损失与浪费。

节能是我国实现可持续发展的一项长远发展战略，是我国的基本国策。

二、节水节能技术在市政给排水工程中的使用价值

节水技术是指通过采用各种措施，旨在降低用水量的技术。这些技术广泛应用于工业、农业、城镇公共供水系统等多个领域。

节能技术是指促进能源节约集约使用、提高能源资源开发利用效率和效益、减少对环境影响、遏制能源资源浪费的技术。

随着城市人口数量的增多，人们对于水资源的使用量也在不断增加，这也增加了给排水管道的运行负担，造成了资源浪费。将节水节能技术应用于市政给排水工程，对于提高水资源利用率，提高居民生活水平有着积极的意义。市政公用工程建设中涵盖的内容较多，如城市园林绿化工程、道路桥梁工程等，这些工程的开展对水资源的需求量较大，如果不能设置科学有效的给排水系统，不仅会对水资源供应及排放带来较大影响，还会加剧城市污染，阻碍城市生态环境的科学构建。为此，在市政公用工程建设中，应加大节水节能技术的应用力度，构建完善的给排水系统，一方面保证水资源供应及排出效率，另一方面对排放的污水实施科学处理，减少对周边环境的影响，达到绿色环保目标。

此外，由于传统市政公用工程建设中存在较大的能耗问题，而节能技术的使用，则可在提高各种资源利用率的基础上，减少能耗，缓解我国现存的能源危机，推动城市乃至社会经济的良好发展。

目前，水资源短缺已成为我国在开发建设过程中面临的较为重要的问题，再加上市政公用工程建设的规模相对较大，带来的能耗问题也相对较为严重。为此，有必要加大节水节能技术在市政给排水工程建设中的应用力度，响应国家政策号召，合理规划现有资源，提高城市建设水平。

第二节　市政给排水工程的
节水节能设计与施工

作为城市基础设施的重要组成部分，市政给排水工程在改善城市功能、营造美好城市环境等方面发挥了重要作用。但是给排水设施在整个城市能源消耗中占较大比重。因此，必须要做好市政给排水工程的节水节能设计与施工工作，从而实现城市的可持续发展，营造良好的人居环境。

节能技术的应用有利于节约水资源，减少不必要的能耗。虽然我国的水资源总量在国际上的排名较靠前，但是由于人口数量庞大，人均水资源的占有量较少。这一直是我国的基本国情，也是我国在经济发展中存在的重大隐患。为此，加强节水技术研究已经成为时代发展的必然趋势。在市政给排水系统中积极应用节能技术，在提高给排水效率的同时，也能减少政府的财政支出，与此同时，也有利于促进社会的可持续发展。除此之外，将节能技术应用到给排水系统中，将节能减排理念应用到实践，有利于改善我国当前人均水资源短缺的现状，为城市化可持续发展奠定基础。

一、节水节能设计与施工的重要性

给排水工程的节水节能设计与施工在现代城市建设中具有重要意义，这不仅关乎资源的有效利用，还直接关系着城市的可持续发展和居民的生活质量。具体来说，给排水工程的节水节能设计与施工的重要性可概括为以下几点：

（一）响应国家节能减排政策

随着全球资源紧张和环境问题的日益突出，国家提出了节能减排的重要政策。给排水工程作为城市基础设施的重要组成部分，其节能设计与施工直接关系到水资源的合理利用和对能源消耗的控制。采用节能技术，优化设计方案，可以显著降低给排水系统的能耗，符合国家节能减排的政策方针，有助于推动城市的绿色发展。

（二）提高水资源利用效率

我国水资源分布不均，且可利用的水资源有限。给排水工程的节水节能设计与施工旨在通过优化系统配置、采用高效节能设备和技术手段，提高水资源的利用效率。例如：利用太阳能等可再生能源作为热水供应的热源，可以大幅减少对传统能源的消耗；合理设计管网水压和采用分区供水方式，可以充分利用市政管网的余压，减少二次加压的能耗。这些措施不仅有助于缓解水资源短缺问题，还能降低供水成本，提高供水效率。

（三）保障居民用水安全

给排水工程的节水节能设计与施工还直接关系到居民用水的安全性和可靠性。科学合理的系统设计和严格的施工质量控制，可以确保供水系统的稳定运行和水质达标排放。同时，节水节能设计还能减少因设备老化、维护不当等出现的供水故障和污染问题，保障居民用水的连续性和安全性。

（四）促进城市可持续发展

给排水工程的节水节能设计与施工是城市可持续发展的重要保障。优化给排水系统的资源配置和能源利用方式，可以降低城市运行成本，提高城市综合竞争力。同时，节水节能设计还能减少污染物排放，保护城市生态环境和自然资源，为城市的可持续发展奠定坚实基础。

（五）提升市政管理水平

给排水工程的节水节能设计与施工对市政管理水平的提升也具有重要作用。先进的节能技术和设计理念，可以推动市政管理部门的技术创新和管理创新。同时，节水节能设计还能提升给排水系统的自动化和智能化水平，降低人工操作成本和劳动强度，提高管理效率和服务质量。

（六）加强应对自然灾害和突发事件的能力

给排水系统的节水节能设计与施工还能增强给排水系统应对自然灾害和突发事件的能力。例如，在排水系统设计与施工中充分考虑雨水排放和防洪排涝的需求，采用科学合理的排水方式和设施布局，可以有效降低城市内涝的风险。同时，节水节能设计与施工还能提高给排水系统的应急响应能力和恢复能力，确保在突发事件发生时系统能够迅速恢复正常运行。

综上所述，给排水工程的节水节能设计与施工在响应国家节能减排政策、提高水资源利用效率、保障居民用水安全、促进城市可持续发展、提升市政管理水平，以及加强应对自然灾害和突发事件的能力等方面都具有重要意义。因此，在给排水工程的设计和施工过程中，相关部门应充分重视节水节能技术的应用和推广。

二、节水节能设计与施工的原则

（一）满足用户需求与确保系统稳定性

1.用户需求

给排水工程设计应首先满足用户的基本用水需求，包括生活用水、生产用水等，确保水量、水质和水压符合相关标准。

2.确保系统稳定性

给排水工程应设计得稳定可靠，能够长时间连续运行，尽可能减少故障和维修次数。这不仅有利于保障居民和企业的正常用水需求，还能提高系统的整体效率和经济效益。

（二）合理利用水资源与环境条件

1.合理利用水资源

相关部门应充分考虑水资源的稀缺性，通过合理的水量分配和循环利用，提高水资源的利用效率。例如，采用雨水回收系统和中水回用系统，将非传统水源用于非饮用水的场合。

2.环境条件

相关部门在设计给排水工程时，应充分考虑当地的气候、地形、地质等环境条件，选择适合的管材、设备和施工工艺，确保给排水系统的正常运行和节能效果。

（三）节能与环保

1.节能

给排水系统应尽可能采用节能技术和设备，如高效节能水泵、节水型卫生器具等，减少能源消耗。同时，相关部门应优化管道布局和设备配置，以减少能耗。

2.环保

给排水系统应满足环保要求，减少污染物排放，减少对生态的破坏。例如，在排水系统设计与施工中，要充分考虑污水处理和排放问题，确保所排放的水符合相关标准。

（四）经济合理性与技术可行性

1.经济合理性

给排水系统的节水节能设计与施工应在满足功能需求的前提下，尽可能降低建设和运行成本。合理的投资和运营策略，有助于实现经济效益和社会效益的双赢。

2.技术可行性

给排水系统应采用成熟可靠的技术和设备，确保系统的技术可行性和安全性。同时，相关部门应关注新技术和新材料的发展动态，积极引进和应用先进技术成果。

（五）合理安排管道布局与设备配置

1.合理安排管道布局

给排水系统的管道布局应简洁明了，避免过长和过多的管道连接，减少水力损失和能耗。同时，应合理设置阀门和检查口等附件，便于系统的维护和检修。

2.合理安排设备配置

相关部门应根据系统需求合理选择和配置设备，如水泵、水箱、过滤器等。设备应具有良好的性能和可靠的品质，确保系统的正常运行和节能效果。

（六）注重施工质量控制与后期管理

1.注重施工质量控制

在施工过程中，相关人员应严格按照设计图纸和施工规范施工，确保施工质量符合相关标准和要求。同时，相关部门和人员应加强对施工过程的质量监督和检查力度，以便及时发现并纠正问题。

2.注重后期管理

在给排水系统投入运行后，相关人员应加强其后期的管理工作。定期对系统进行检查和维修保养，以便及时发现和处理故障和隐患；加强用水管理和节水宣传教育工作，提高用户的节水意识和节水能力。

综上所述，给排水工程节水节能设计与施工原则的确定，是多方面综合考虑结果，旨在实现给排水系统的稳定可靠运行，确保资源的合理利用，达到节能环保的目标，同时兼顾经济合理性与技术可行性。

第三节　市政给排水工程中
节水节能技术的应用

市政给排水工程的主要作用是对水资源进行合理配置。在市政给排水工程中合理运用节水节能技术，不仅能有效减少不必要的能耗，还能起到保护环境的作用。水资源是人们日常生活的必需资源，给排水工程可以满足人们的用水和排水需求，提升水资源的利用率。如今，节水节能技术已经被广泛地应用到给排水工程中，并取得了不小的成果。这不仅减少了水资源的浪费，还提升了给排水工程的经济效益。

一、给排水工程节水节能技术要点

（一）充分利用市政给水管网压力

充分利用市政给水管网压力的相关措施主要有两种：一是采用分区给水方式，二是使用无负压供水设备。这两种措施相辅相成，共同维持着给水系统的节能功能。

合理利用市政给水管网压力，采用分区供水方式，可以减少二次加压能耗。如市政管网压力为0.2 MPa，则3层及以下楼层可采用市政管网直接供水，3层以上楼层则采用变频供水设备供水。这样既不浪费市政管网余压又不至于使低楼层管网压力过高，造成资源浪费。分区给水还可防止超压出流现象（即给水配件前的静水压大于流出水头，其流量大于额定流量的现象）。超出额定流量的那部分流量未产生正常的使用效益，是被浪费的水量。这种水量浪费不易被人们察觉和认识，因此可称之为隐性水量浪费。根据实际经验，分户水表位的工作压力限值为0.15 MPa，静水压力限值为0.25 MPa，当压力大于上述限值时，则应采取分区或减压措施。

无负压变频供水设备是在变频恒压供水设备的基础上发展起来的，它主要由无负压调节罐（连通真空消除器）、水泵、气压罐、智能控制系统等组成。其工作原理：自来水管网的水直接进入调节罐，罐内的空气排入真空消除器，待水充满后，真空消除器自动关闭。当自来水的量能够满足用水压力及水量要求时，设备通过旁通止回阀向用水管网直接供水；当自来水管网的压力不能满足用水要求时，系统通过压力传感器（或压力控制器、电接点压力表）给出启泵信号，启动水泵。水泵供水时，自来水管网的水量大于水泵流量，系统保持正常供水；在用水高峰期，自来水管网水量小于水泵流量时，调节罐内的水作为补充水源仍能正常供水，此时，空气由真空消除器进入调节罐，消除了自来水管网的负压。用水高峰期过后，系统恢复正常的状态。若自来水管网停水导致调节罐内的水位不断下降，液位探测器会向水泵发出停机信号以保护水泵机组。无负压供水系统不仅不用建水池和屋顶水箱，占地小，能节省投资且避免二次污染，还能有效利用市政水压。但是相关设备要与市政管网直接连接，这对设备的要求很高。

（二）采用变频调速水泵

高层建筑通常采用水泵、水箱联合供水方式，由水泵将水提升到高位水箱，再向下供水。为防止一些用水点超压，大部分高层建筑会设置减压装置，这就造成了不必要的能耗。设计中可以采用变频调速水泵直接向给水系统供水。变频调速水泵通过调节水泵电机转速的方式来调节水量，从而能有效避免电机频繁启动，从根本上防止电能浪费；同时，也省去了水箱、水罐，减少了设备投入。

据相关调查结果，采用变频调速水泵供水，节电率可达30%~50%。如今变频调速技术日臻成熟，变频调速水泵具有良好的节电效果、方便的调速方式、较大的调速范围、完善的保护功能，以及运行可靠等优点。因此，推广变频调速水泵在建筑给排水系统中的应用，对于减少电能浪费具有重要意义。

（三）建立合理有效的雨水收集、处理与循环利用系统

如今，随着社会的发展，建设绿色生态型小区成为住宅建设的新方向。一些小区采用了综合雨水收集、处理与循环利用系统。该系统巧妙地融合了雨水收集、处理及回收利用三大功能，实现了水资源的可持续管理。

首先，雨水通过小区内精心布置的收集设施被高效汇集起来，这些收集点遍布屋顶、道路、绿地等区域，确保更多的雨水能被收集到。汇集的雨水与水景系统中的循环水一同被引入先进的雨水处理系统。雨水处理系统采用前沿的生物膜法处理技术（这是一种将生物降解的自然净化能力与膜技术的高效分离

功能完美结合的创新工艺）进行水处理。处理过的水将用于小区的水景、冲洗汽车、绿化喷灌等。

（四）推广节水设备

一般来说，新型的节水设备在设计中更加注重节能功能，其节能效果也更好。具体而言，推广节水设备要注意以下问题：

首先，要注意选用一些优质的管材与阀门。比如，若相关部门选用镀锌钢管作为供水管道，那么在一段时间后就很容易出现水质污染、漏水渗水等问题。这些问题不仅影响了用水的安全与品质，还导致了水资源的浪费。相比之下，采用铜管、不锈钢管或钢塑复合管等作为供水管道，则能有效避免上述问题的发生。这些材质具有优良的耐腐蚀性和密封性，能够确保水质的纯净与管道的稳固，也能有效减少因管道问题而引发的水资源浪费现象，是更加环保、高效且可持续的选择。

其次，在卫生器具和配水器具的选择上也要充分考虑节水因素。使用节水型器具不仅能够节约一定的水量，而且对环境保护也有非常重要的意义。近年来，在挑选卫生器具与配水器具的过程中，消费者的关注点已经发生了显著的变化，他们开始将卫生器具和配水器具的节水节能视为重要的考量因素，倾向选择那些能够有效减少水资源消耗与能源消耗的产品。这一趋势不仅体现了人们环境保护意识的增强，也反映了社会对可持续发展理念的广泛认同。选择节水节能的卫生器具和配水器具，人们不仅能够为家庭节约开支，还能在日常生活中为地球减负，共同促进资源的合理利用与生态环境的保护。

（五）利用污水处理新技术

市政给排水工程要充分利用先进的污水处理新技术，使城市污水在净化后能够被循环使用，从而提高水的利用效率。

污水处理的方法有很多。市政排水工程要根据污水水质和回用水水质的要求，对水处理单元进行多种组合，通过技术经济比较，来选择最具有经济价值的污水处理流程。

SPR污水处理技术是当前被世界各国广泛采用的污水处理技术。它是利用化学方法使溶解状态的污染物从真溶液状态下析出，形成具有固相界面的胶粒或微小悬浮颗粒；然后利用高效的吸附剂将污染物从污水中分离出来，并采用微观物理吸附法将污水中各种胶粒和悬浮颗粒凝聚成大块密实的絮体；再依靠流体力学原理，在自行设计的SPR高浊度污水净化器内使絮体与水快速分离；清水经过罐体内自我形成的致密的悬浮泥层过滤之后，达到三级处理水准，出水实现回用；污泥则在浓缩室内高度浓缩，定期靠压力排出，由于污泥含水率低，且脱水性能良好，可以直接送入机械脱水装置，经脱水之后的污泥饼亦可以用来制造人行道地砖，避免了二次污染。

SPR污水处理技术以其流程简单可靠、投资和运行费用低、占地少、净化效果好等优势，为城市污水的再利用开辟了新方向，其经济效益和社会效益是不可估量的。

市政给排水工程要紧跟时代步伐，使用先进的污水处理技术，把污水变废为宝。除此之外，相关部门也要提高自身综合能力，借鉴国内外先进的污水处理理念，注重对污水处理方面人才的培养和选拔，定期对相关工作人员进行专业培训，从而建设一支强有力的污水处理队伍。

二、给水系统中节能技术的具体应用

（一）供水泵站系统的节能改造

1.增设调蓄供水系统

针对市政供水压力较低，无负压供水系统无法满足启动压力的情况，相关部门可以在泵站内增设调蓄供水系统，通过调蓄水池确保稳定的用水供应。这种方式能有效降低供水系统的能耗，并提高供水稳定性。

2.采用高效节能水泵

比如中开泵，其不仅采用了全新的3D水力模型，还能进行水力仿真和流场分析，以实现最优的流场设计和更低的损耗，节能效果显著。在市政给水系统中应用这类水泵，能够大幅降低能耗，提高供水效率。

3.优化供水系统设计

采用无负压供水系统和调蓄供水系统并联的设计方案，根据实际需求调整系统运行状态，可进一步降低能耗。例如，在无负压供水模式运行时，单泵运行功率较低，相比调蓄供水模式能显著降低能耗。

（二）合理规划管网布局与节能型管材的选用

1.合理规划管网布局

管网布局的合理性对给水系统的节能性能和节水性能有着极大的影响。在设计过程中，相关人员要充分考虑城市所在地的地理条件，使管网布局与城市地形相协调。

2.节能型管材的选用

传统的给水管道（如铝管）一旦使用时间长，就容易出现老化、生锈、渗水、漏水等问题，后期维护成本较高。而新型材料（如薄壁的铜管），不仅性能稳定、耐用、不易生锈，而且生产成本较低、抗压能力强，可以有效减少水资源浪费现象。

（三）减压与限流技术

1.分区供水

对于高层建筑，其可以采用分区供水的方式，根据楼层高度设置不同的供水压力，避免过高的水压造成资源浪费。

2.减压阀与限流阀的应用

在给水系统中安装减压阀和限流阀，可以有效控制管道内的水压和流量，减少资源的浪费。

三、污水排水系统中节能技术的应用

（一）非开挖技术的应用

随着城市化的不断推进，市政排水管网在不断完善，其规模也在不断扩大。许多铺设时间比较长的管道，由于各种物理、化学作用，出现过水断面减小、输水能力降低等各种问题。同时，沉降作用导致的承插口破裂、管道破损等情况，使得地下水过量渗入，排水管道周边土壤流失严重。再者，管道的寿命是有限的，超过使用年限自然会出现腐蚀、渗漏等各种问题。总之，这些不能满足人们需要的管线必须进行修复或更换。

传统的排水管网改造方法多依赖于开挖铺设。然而，鉴于不少排水管道埋设于人口稠密、建筑林立的市区，这种方式往往对其他市政管道及基础设施造成明显影响，不仅会给城市居民生活带来不便，还往往伴随着高昂的综合成本。非开挖施工法通常是一种更优选择，特别是在更换老旧管线时。其中，胀管法使用较为普遍，因为它能在不破坏地表和既有设施的前提下，实现管道的更新与修复，从而大幅降低社会影响，提高施工效率，并有效控制成本，是城市排水系统改造工程中值得优先考虑的先进技术。

使用胀管法的步骤如下：选择合适的胀管器和管子，确保管子能够顺利插入管板孔中；将管子插入管板孔中，确保管子与管板孔对齐；使用胀管器对管子进行挤压，使管子端部发生塑性变形，同时使管板孔发生弹性变形；在管子达到所需的变形程度后，取出胀管器；检查胀接质量，确保管子与管板之间紧密连接，无泄漏现象。

（二）管道清淤机器人的应用

城市排水管道实现其使用功能的基本要求是保持排水畅通。对于众多小直径支线排水管道来说，其面临的最大问题是容易堵塞。目前在很多条件的限制下，这些排水管道大多需要管线维护人员下井进行人工清理，这会对工作人员的身体健康造成负面影响。而且随着城镇化进程的加快及人民生活水平的提高，人们对低成本的管道管理和维护，尤其是清淤疏通工作提出了更高的要求。

目前，管道机器人技术是发展相对快的一种。管道机器人是在特殊环境下运行的机器人，而管道清淤机器人又是管道机器人中的特殊品种。管道清淤机器人是一种能够在排水管道内部自行移动的管道清理装置。它能够进入情况复杂的管道，通过携带监护设备与清淤装置，在操作人员的控制下开展管道清淤和疏通作业，保证排水管道的通畅。管道清淤机器人可以大幅提升平均工作效率，对于市政管道清淤具有重要意义。

（三）PID控制系统的应用

近年来，我国污水处理量逐年增加，新建污水处理厂虽然能够满足污水处理的要求，但受到工艺和技术的制约，污水处理能耗相对较高，运行成本较高。污水处理系统节能降耗已势在必行。

污水处理厂能耗主要包括各处理阶段的电能、药剂和燃料的消耗。污水处理厂内处理工艺一般分为预处理、生物处理、深度处理和污泥处理四个单元。经过对比分析，生物处理段为耗能最高的单元，而其中又以曝气系统能耗为最高，所以应将曝气系统的节能降耗作为研究重点。

针对曝气系统的节能降耗，应紧密结合水厂的特定运行状况进行精细化调整，其中的关键在于引入智能控制技术。具体而言，就是在曝气池的关键区域部署高精度的溶解氧测试仪。这些测试仪能够实时、准确地监测水中的溶解氧浓度，为相关人员进行智能调控工作提供关键数据支持。

比如，引入先进的PID控制系统。该系统能够基于溶解氧测试仪的反馈信号，自动调整曝气设备的运行状态。通过精确计算并输出控制信号至变频器，实现对曝气机转速的灵活调节，从而精准控制曝气量，使溶解氧浓度维持在最佳范围。该控制系统能显著提升能源利用效率，减少能源浪费。再者，运用PID控制系统还能减少人工干预，提高污水处理厂运营的整体效率和稳定性，从而进一步实现节能降耗的目标。

四、雨水排水系统节能技术

在夏季时，我国大部分城市都会出现暴雨或是特大暴雨，这就导致城市内涝现象十分普遍。因此，相关人员在设计市政排水系统时，要将气候条件考虑进去，确保雨水排水系统的科学性和合理性。

在进行实地详细考察与模拟试验的基础上，相关人员应将循环利用的理念深度融入雨水排水系统的节能设计之中。具体而言，当雨水被有效收集并集中至排水管道系统时，相关人员应对其进行精心规划，确保雨水资源得到最大化利用。

为了实现这一目标，合理设计雨水排水系统的压力分布与纵向标高至关重要。精确的计算与科学规划，可以确保雨水在流动过程中保持适宜的流速与压力，避免不必要的能量损失。同时，合理的纵向标高设计能够引导雨水顺畅流动，便于后续的处理与利用。

此外，相关人员还应考虑在雨水排水系统中设置雨水蓄存与净化设施，以便在雨水充足时进行储存，并在需要时进行净化处理以供再利用。这样不仅能够减轻城市排水系统的负担，还能有效节约水资源，促进城市的可持续发展。

（一）雨水回收利用系统的原理

雨水回收利用系统是将屋顶、路面、绿地雨水等通过雨水收集系统汇集到初期弃流装置，并对其进行初步过滤。然后使其流入塑料模块雨水收集池中，经过塑料模块一体化对雨水进行处理，使雨水水质达到回收利用的标准，并通过供水设备和供水管网将其用于城市绿地灌溉、地面清洁、洗车服务及公厕冲洗等多个方面，从而提高水资源的回收利用率。

在雨水回收利用系统中，雨水初期弃流装置的作用至关重要。其主要功能是针对降雨初期的雨水进行特殊处理，这一阶段的雨水往往含有较多的杂质和污染物。通过该装置，降雨初期的雨水被有效过滤并自动排放，从而避免了那些污染较重的雨水进入后续的收集和利用系统。

在弃流过程结束后，雨水初期弃流装置的过滤装置随即对后续雨水进行初步过滤。这一过程旨在进一步净化雨水，去除其中的悬浮物、颗粒物等杂质，确保进入储存或利用环节的雨水水质达到一定的标准。

（二）雨水回收利用系统的组成

1.雨水初期弃流装置

雨水在屋顶或者绿地等处汇集后，会受到污染源的污染，因此早期的雨水径流中含有大量的污染物和悬浮颗粒，这些雨水的污染物含量有时候甚至超过污水，无法被有效回收利用。如果直接将其汇集到雨水回收系统，则会加剧雨水的被污染程度。所以，必须采用初期雨水分散控制系统，在源头上设置弃流装置，对初期雨水进行初步处理，以减少雨水处理系统的负荷。

经过弃流装置的处理以后，进入雨水排水系统的雨水是比较干净的。雨水收集的源头所用的雨水口和雨水井必须为环保产品，而且要在雨水口和雨水井口设置截污挂篮和过滤网，从而拦截污水中颗粒比较大的杂质，以免堵塞排水管道。

2.塑料模块组合构筑物

塑料模块组合构筑物是由配水井、出水井、排泥井及塑料模块骨架组成的。雨水经过初期弃流装置处理以后流入配水井,经过塑料模块骨架、雨水滤板等流到排泥井,再经过出水井井筒微孔,流入出水井,然后经过城市供水管网和相关设备被提供给用户。

采用聚丙烯为主要材质的塑料模块,可用防渗土工布进行全方位包裹,共同构筑成一个高效且环保的地下储水池系统。该系统凭借其表面材质的光滑特性,能有效抑制藻类的滋生,从而确保了储存水质的长期稳定性。

这些塑料模块的组合形式灵活,能够轻松适应各种复杂的场地环境。无论是规则的还是不规则的形状,相关人员都能通过模块的巧妙拼接构建地下储水池系统,这大大提升了安装的便捷性。同时,这种结构还具备出色的承载能力,为水池的安全稳固提供了坚实保障。

通常,储水池的上方空间会被巧妙地利用起来,比如种植花草树木,既美化了环境,增添了绿意与生机,又实现了雨水收集。这种成品装配式的雨水回收利用系统,不仅体现了现代水利工程的智慧,也为城市的可持续发展贡献了一份力量。

(三)雨水回收利用系统的施工要求

雨水回收利用系统中的构筑物一般安装在地面下,主要由土建工程和安装工程组成。由于地下施工环境复杂,所以对施工技术要求比较高。雨水回收利用系统的过滤板直接影响雨水回收利用率。因此,滤板施工质量非常关键。这里重点阐述过滤板施工。

首先,必须按照雨水回收利用系统的设计图纸和设计方案进行施工,找到图纸的基准点,以基准线为基准按照设计样式铺装滤板。不能站在找平层铺装微孔板。滤板必须整齐轻放在找平层,按着滤板的表面,并用1 kg的橡皮锤敲击砖中间三分之一面积处,这样能让找平层和滤板更好地黏结,不会出现空鼓现象。滤板必须保持在同一平面上，并用水平尺、标高线等对每一行铺装的滤板进行找平。遇到切板的时候，需将滤板进行切割，如果出现连续切割板，则切边必须在同一直线上，且误差不能大于2 mm。

其次，如果在施工过程中，遇到了出水井或者排泥井，则必须结合施工图纸进行适当调整，以免影响整个系统的运行。

最后，滤板施工结束以后，还要对其进行养护，并用填缝砂填充已经铺装好的滤板的缝隙。填充缝隙的时候，必须将板缝填充好，并将遗留在缝隙外的余砂清理干净。

（四）运营管理的注意事项

布置雨水回收利用系统以后，相关人员还要加强管理，从而延长系统的运行时间。

第一，在运营期间，避免水池上方经过或者停留大型的重卡车，以免破坏储水池。

第二，在每年的雨季来临前，相关人员必须对雨水回收利用系统进行一次全面检查，检查水泵是否运行正常。同时，要对储水池进行一次反冲洗，通过穿孔渗透管将出井水的水反向冲入水池，冲刷过滤板表面的附着物，最后用排污泵将反冲洗的水排出去。每年要开启一次排泥泵，将淤泥排出去，以免因为沉淀物过多影响水质。如果排泥泵在运行期间发生了故障，相关人员要及时联系生产厂家，找到设备故障的原因。

五、中水回用技术

中水是指各种排水经处理后，达到规定的水质标准，可用在生活、市政、环境等范围内的非饮用水。将小区居民生活废（污）水集中处理，待其达到一定的标准后，回用于小区的绿化浇灌、车辆冲洗、道路冲洗、家庭坐便器冲洗等，就属于对中水回用技术的应用，可达到节约用水的目的。

在我们的日常生活中，所用中水较多。如果市政在给排水工程中采用中水循环系统，那么无疑将产生巨大的经济价值和社会价值，不仅能够提高水资源的利用率，减少水资源浪费现象，达到较好的节能目的，而且能够促进城市发展过程中资源的循环利用，减少污染，保护环境。为了保证中水节能技术的充分应用，在市政给排水项目中，宜由专业人员根据市政工程相关规范和要求，并与实际情况相结合，完成项目的具体建设。

（一）中水回用方式

城市可根据污水处理能力的大小和当地情况，选择不同的中水回用方式。大体有以下几种：

第一，选择式回用方式。即在污水处理厂周边的居民区铺设管道，实行分质供水回用。

第二，分区回用方式。即根据城市状况，分区实行污水再生利用。

第三，全城回用方式。即在全城铺设中水管道。这一方式适用于新建城市和有污水处理能力的小城镇。

（二）中水回用技术在给排水工程中的应用现状

1.应用成本较高

在中水回用技术的实际应用中，其成本与在城市中使用自来水的成本相比，并没有太大优势。就我国目前的中水回用技术而言，生物技术为较常见的中水回用技术。该技术以氧气作为介质来实现中水回用目标。然而，这种技术的使用成本也非常高，所需设备价格昂贵，并且在使用时会产生过多污泥，可能导致污泥堆积，处理困难。

2.用户中水回用意识淡薄

目前，我国许多用水户的中水回用意识淡薄，没有认识到中水回用的意义，仍然质疑使用中水的安全性与可行性，所以在内心深处对中水回用比较抵触。另外，社会生活中缺少对中水回用的推广与宣传活动，这在很大程度上影响了中水的使用率。

（三）中水回用技术的具体应用

1.明确系统范围

一般来讲，适用于建筑物的中水系统，涵盖了原水存储、原水处理及供给等环节，包括了小区中水系统及建筑中水系统。这两种系统的区别主要在于供应范围及收集范围。

在设计小区的中水系统时，相关人员应致力于将其规模效益最大化，通过高效利用小区内产生的污水，实现经济效益与环境效益的双重提升。具体而言，该系统旨在将可循环利用的污水进行深度处理，使其水质达到再生水标准，进而广泛应用于小区的冲洗作业、绿化灌溉等方面，从而减少对自然水资源的依赖。对于经过评估确认无法直接再生利用或处理成本过高的污水，则应按照环保规定，安全、有序地排放至指定的城市排水管网中，确保不对环境造成二次污染。这一流程不仅可以促进水资源的循环利用，还有助于减轻城市排水系统的负担，体现了绿色、可持续的发展理念。

就建筑中水系统而言，其完善性不仅体现在成本控制与高效运营上，还需确保系统能够迅速投入使用并产生实际效益。因此，在设计之初，相关人员就应从自来水供应环节着手，合理规划并构建中水水源的收集与输送体系，确保所产生的中水能够顺畅、高效地进入中水处理站进行专业处理。经过处理的中水，其水质应达到相应标准，以满足非饮用水的多种用途需求，如景观水体补充、绿化灌溉、洗车服务及厕所冲洗等。这些应用不仅减少了对优质水资源的消耗，还降低了运行成本，实现了水资源的循环利用。最后，对于无法再利用或处理的中水，应严格按照环保要求，通过专门设计的排放管道安全排放至城市排水管网中，以避免对环境造成不良影响。

2.计算水量

利用中水回用技术的一个关键环节在于精准计算水量。这一环节直接关系到中水从收集到供应全链条中管网布局、设备选型及构筑物设计的合理性。为确保中水回用系统的高效运行，相关人员必须依据严谨的数据支撑，进行详尽分析。

在进行水量计算时，相关人员应全面考虑各种因素，包括平均日用水量、最高日用水量的波动情况，以及建筑内部总用水量的具体分布。尤其是最高日用水量及其分项给水量的精确计算，对于确定水源水量至关重要。整合、分析这些数据，能够为相关人员提供相对准确的水源水量预测，为中水回用系统设计奠定坚实的基础。

建筑内部总用水量的确定，则需通过汇总不同项目在不同日期的用水量来实现。这就要求相关人员对各用水环节的需求有深入了解，以确保数据的全面性和准确性。

3.选择合适工艺

（1）待处理水来自优质杂排水

基于此种水中的有机物含量不高，所以在处理时需要着重去除水中的悬浊物及有机物。当然，在色度及浊度等方面也要达到相应的要求。通常，物化处理方式能够较为容易地满足优质杂排水的处理需求。

首先，对原水进行初步处理，如通过格栅去除大颗粒物和悬浮物。

随后，将待处理水引入调节池中，进行水量和水质的均衡调节，以确保后续处理过程的稳定性和效率。在调节池中，水会经过絮凝沉淀阶段（通过添加絮凝剂，使水中的微小悬浮物和胶体颗粒相互聚合并沉淀下来），从而得到进一步净化。

紧接着是过滤环节，通过滤料层的截留作用，去除水中的悬浮物、有机物和细菌等，使水质得到显著提升。

最后，为了确保水的安全性和适用性，通常会使用活性炭进行深度处理，以吸附水中的余氯、有机物、异味和色素等。同时，活性炭还具有一定的消毒作用，能够杀灭或抑制水中的微生物，保证中水的卫生质量。

（2）待处理水来自生活污水

这类水的有机物浓度较高，所以往往需要将生化处理方式与物化处理方式结合起来，方能收到较好的处理效果。但是这就需要扩充调节池的容量，否则难以应对不同水质水量的要求，处理工序也难以顺利进行。

此外，还可以增加一些生物氧化器辅助絮凝沉淀的完成，这样不仅能够简化污水处理程序，还能提升污水处理效率。

（3）待处理水来自二级处理出水

这类水的处理工艺相对较为简单，只需将水表面中存在的残留物、悬浊物等去除即可。当然，色度与浊度也要达到相应的标准。为了有效完成该水源的处理工作，可以使用物化处理方式，也可以将生化处理方式与物化处理方式结合起来。工作人员可以根据实际条件选择适宜的处理方法。

4.对水利用进行科学管理

（1）加大对中水回用技术的研究力度

加大对中水回用技术的研究力度是提高水资源利用管理质量的有效方式。中水回用技术的科技含量较高，加大中水回用技术的研究力度，会大幅降低中水回用技术的使用成本，提高中水使用的效率。

（2）加大对中水处理的管理力度

以酒店建筑为例，相关技术人员在建筑施工过程中，应设置中水排污管道，保证污水能自动流进调节池，同时管理好调节池的曝气机装置，确保其干净卫生，以免出现厌氧现象。

调节池的作用是将原水聚集，促使其流进氧化池。对于酒店中调节池的管理，相关人员需要保证其出水管足够干净，以免因毛发堆积出现调节池停止运行等问题。

六、综合节能措施

虽然市政给排水系统由给水系统和排水系统组成，但从本质上讲，给排水系统属于一个整体，其在城市发展过程中发挥着极为重要的作用。为了达到节能的目的，相关人员宜采用综合节能措施来降低市政给排水系统的能耗。

在供水环节，相关人员应重视对新能源的应用，如利用风能、太阳能等，从而有效降低能耗，达到节能的目标。

针对多层建筑，相关部门可以在屋面设置水箱和太阳能集热板等，再利用加压泵将热水接入用户家中。

对于高层建筑，相关部门可以在玻璃幕墙上安装太阳能集热板，并串联管道，同时在屋顶水箱区域增设空气源热泵作为辅助加热装置，这一综合解决方案不仅能优化能源的利用结构，还能显著提升供水系统的节能效果。太阳能集热板紧贴于玻璃幕墙，不仅不占用额外空间，还能与建筑外观和谐相融，美观且实用。这些集热板能够最大限度地捕获太阳能，并将其转化为热能，通过管道系统输送至屋顶的水箱中，直接加热所储存的水，满足建筑内部的热水需求。当遇到阴雨天气或太阳辐射不足时，空气源热泵作为辅助热源自动启动，利用空气中的低品位热能进行高效加热，确保热水的稳定供应。这种双热源系统的设计，既保证了对太阳能的最大化利用，又确保了热水供应的连续性和可靠性。

这些设计，不仅能有效降低市政给水的能耗负担，还能全面提升市政给排水工程的整体运行效率和环保效益。

第六章　市政给排水工程管理

第一节　市政给排水工程管理的
重要作用

市政给排水工程是城市建设的重要组成部分，也是城市稳定发展的基础保障，对环境保护、居民生活质量、城市发展都有重要影响。因此，加强城市给排水工程管理是非常有必要的，对提高我国经济效益与经济发展水平有非常积极的意义。

一、保障城市居民用水安全

市政给排水工程通过净化、消毒等一系列工序，确保居民饮用水的清洁与安全。严格的水质管理能够防止有害物质进入供水系统，保护居民免受水质污染带来的负面影响。

给排水工程管理包括对水源地的保护、水厂的运行管理，以及对供水管网的维护等，这些工作共同保障了城市供水的稳定性和可靠性。即使在用水高峰期或突发情况下，也能确保居民的基本用水需求得到满足。

二、促进水资源的合理利用

城市给排水工程管理通过科学规划和设计，实现水资源的合理分配和调度。这有助于提高水资源的利用率，减少浪费，也有助于满足城市不同区域和行业的用水需求。

给排水工程管理还包括污水的收集、处理和回用。通过先进的污水处理技术，给排水工程可将废水转化为可再利用的水资源，从而实现水资源的循环利用。

三、提升城市防洪排涝能力

给排水工程管理通过建设雨水管道网络和雨水收集设施，能有效收集和排放城市雨水。这有助于提高水资源的利用率，也可以减少城市内涝现象的发生，提高城市的防洪排涝能力。

在一些易涝地区，给排水工程管理还涉及防洪设施的建设和维护。如建设防洪堤、雨水调蓄池等，以增强城市的防洪能力，保障居民的生命财产安全。

四、推动城市可持续发展

给排水工程管理注重对水环境的保护和治理。减少污水排放、加强水体监测等措施，有助于提高城市水环境质量，从而推动城市的可持续发展。

一个完善的给排水系统不仅能够满足居民的基本需求，还能提升城市的整体形象和品质。优美的水环境和良好的用水体验能够吸引更多的人才和投资，推动城市经济的发展和社会的进步。

五、加强应急管理与响应

给排水工程管理包括制订紧急应急预案，以应对自然灾害、意外事件等。这些预案能够帮助相关部门在紧急情况下迅速采取相应措施，以保障人员的生命财产安全和设施的正常运行。

六、从整体上控制成本

市政给排水工程作为一个大规模的工程项目，其成本预算在初期就已经有了相对准确的数字。有效的工程管理，可以从宏观上对总体的资金应用进行全面计划，确保在施工过程中各部分资金得到充分利用，从而实现对成本的整体控制。这种控制能有效提高资金的使用效率。

第二节　市政给排水工程管理
存在的问题及改进措施

一、给排水工程施工管理中存在的问题

现场施工管理是市政给排水工程管理的一个重要环节。目前我国市政给排水工程施工管理中主要存在的问题如下：

（一）管理意识薄弱

相较于其他工程项目来说，市政给排水工程的复杂程度比较高，建设所需的资金比较多，且建设资金一般是由地方政府或者国家调拨的。许多施工企业在追求更高经济效益的过程中，往往忽视了工程施工管理的重要性，管理意识比较薄弱。比如：在面对施工单位采用质量不达标的施工材料时，管理单位未能及时采取有效措施进行干预和纠正，或者对违规行为的处罚力度不够，导致质量问题得不到有效解决，进而可能影响整个给排水工程的运行效果和安全性；部分管理单位在项目管理过程中，没有严格遵守法律法规和规章制度，存在忽视或违反规定的行为，这不仅可能引发法律纠纷和处罚，还会损害政府形象和公信力，影响市民对市政工程的信任和支持；等等。

（二）质量管理水平较低

部分给排水工程施工企业在质量管理方面的水平较低。一些施工企业采取内部项目承包方式进行管理，项目部只向企业缴纳一定比例的管理费，这种与工程转包、挂靠类似的行为削弱了企业对工程质量管理的作用，容易导致给排水工程质量低劣。

（三）市政给排水施工管理缺位严重

为了保证市政给排水工程建设质量，施工单位必须建立完善的施工质量管理体系，加强整个施工阶段的质量管理。在现阶段，各大城市的市政给排水工程的业主是地方政府，大多数政府工作人员缺乏与给排水施工有关的专业知识，对许多工程问题不够清楚，这在一定程度上影响了施工管理监督的效果，导致工程在建设过程中存在一些漏洞，为给排水工程建设埋下隐患。

二、给排水工程施工管理的改进措施

（一）提高施工人员的技术水平，引进先进的施工机械

要定期对施工人员组织培训，使施工人员对给排水工程施工有完整的了解，并且掌握先进的给排水施工技术，进而提高给排水工程质量。在提高施工人员技术水平的同时，施工单位也要不断引进先进的施工机械，以提高施工效率。

（二）提高施工人员的工程质量意识

相关管理人员应提高给排水工程施工人员的工程质量意识，使其认识到给排水工程是城市系统的重要组成部分，如果发生质量问题，将会给国家和群众的生产、生活带来无法估量的损失。

（三）落实管理人员的责任

落实管理人员的责任对于提高工程质量管理水平具有重要作用。施工时，无论工程规模如何，政府及相关管理部门都应明确职责分工，指派专人负责具体的管理工作，确保每位负责人对工程质量负有明确的领导责任。若工程发生质量问题，相关部门可对责任人进行追究。

（四）加强施工质量管理

1.检验材料

根据施工有关设计规范，管理人员应对材料强度、尺寸及密封性进行试验，然后按照设计要求对各类材料的型号、规格等进行仔细核对，同时检查施工材料的外观。

2.加强施工现场管理

总承包企业要在以下几方面加强现场管理:由总承包企业组织协调各施工企业讨论相邻施工区域同类管线碰头事宜,具体落实施工日期、人员、地点、质量检验等事宜,避免发生施工事故;总承包企业统一协调指导各施工企业的施工进度,在相同时间段内各施工企业应在所负责区域内完成相应的施工任务;确有需要时,由总承包企业协调各施工企业对部分施工任务进行调整,使施工任务按照进度计划准时完成;总承包企业对各施工企业的用电量、用水量进行统一调度,在雨季施工时统一采取防洪排涝措施,确保施工道路通畅。

(五)加强施工安全管理

在施工安全管理中,相关管理人员要加强以下工作:

①在施工期间,管理人员应到施工现场检查各施工企业的施工情况,避免违章作业,切实消除各项安全事故隐患,并积极组织开展文明施工评比活动。

②对各施工企业安全管理工作的正常开展做好监督检查,确保其落实施工安全教育及安全措施。

③在施工企业需断路开挖管沟时,管理人员应提前上报至总承包企业。总承包企业应按照施工道路情况,在相同时间、道路上进行统一安排。

④在安装施工凉水塔时,管理人员应重视防火工作,并检查施工顺序的合理性。在施工人员使用电动工具时,管理人员应仔细检查导线的绝缘性与工具的安全性,避免电火花引发火灾。在施工人员对混凝土框架柱子、水池进行防腐处理时,管理人员应提醒他们做好凉水塔玻璃钢、机械设备、仪表电器等的安装工作。

⑤管理人员对临时施工用水管网的埋设应进行统一规划,并将其埋设于冰冻线以下。施工用水主管网上应每隔100 m设置1个消火栓。

（六）加强施工监理

①采取跟踪监理，对施工过程加强控制。施工质量与每道工序、每项施工任务都有关系。仅仅凭借最终的检验评定环节是无法保障施工质量的，所以管理人员要严格控制每道工序。监理人员要在施工中做好跟踪监控，确保承包商做好施工前的技术交底工作，使参与者明确施工质量要求，自觉提高施工质量意识。

②对分项工程施工质量应进行严格评定，以保证每个分项工程质量都符合设计要求。若某分项工程没有达到设计要求，则不能继续下一道工序的施工。

（七）加强试验与验收管理

在工程施工后期，总承包企业应邀请建设单位有关人员积极参与工程收尾工作。各施工企业在管线试验期间，应设专职人员设置、记录和拆除临时盲板。供水系统和循环水系统管网冲洗工作应与供水系统、循环水系统各种水泵试运转工作同时进行。冲洗排水管线时，在注水的排水井壁与井底水流冲击处用镀锌钢板做好防护。人工处理循环水管道的大口径管段时，必须要有相应的安全保护措施，并且不允许单人进入管道。在完成设计文件全部内容，工程质量达到要求，技术资料齐全且符合要求后，相关人员才可以清理机械，办理全部工程的交接手续。

（八）及时恢复施工场地

在管道安装工作圆满完成并顺利通过水压试验等严格检测后，为确保后续工程顺利进行，相关人员应及时在项目经理的批准下启动管道回填作业。这一步骤标志着管道安装阶段的基本结束，同时也是保障管道稳定与安全的重要环节。有序、及时的回填工作，能够有效保护管道免受外界环境因素的侵害，确保其长期稳定运行。

管道回填采用人工回填的方式。在进行检查井回填之前，先将盖板盖好，随后通过精确的测量手段来确保盖板的标高准确无误。在确保标高无误后，施工人员将同时进行井墙和井筒周围的回填工作，以确保回填的均匀性和密实性，从而保障检查井的整体稳定性和安全性。在管沟回填前，需清除槽内遗留的木板、草帘、砖头、钢材等杂物，且槽内不能有积水。要将所有回填土的含水量控制在理想范围内。还土时按基底排水方向由高到低分层进行。管腔两侧也应同时进行回填作业。

第三节　市政给排水工程现代化管理

一、给排水工程现代化管理的基本理念

现代化理念指的是关于现代社会、经济、政治和文明的观念和原则。它强调传统社会向现代社会、传统经济向现代经济、传统政治向现代政治的转型，并追求在传统文明向现代文明的转变过程中实现社会的全面发展。这种理念涉及多层次、多阶段的历史过程，体现了人类文明发展的前沿性和进步性。

现代化理念蕴含着深刻的实践意义和指导价值。尽管它难以直接量化，却以其阶段性与连续性的特征，贯穿于城市给排水管理的全过程。可以说，要实现城市给排水系统的现代化管理，就必须牢固树立并深入践行这一理念。相关部门应通过科学规划、合理布局、严格监管以及技术创新等手段，不断提升给排水系统的运行效率和服务水平。同时，还需加强水资源保护和生态修复工作，促进人与自然的和谐共生，为城市的可持续发展奠定坚实的基础。

市政给排水工程管理的观念转变主要体现在以下方面：

①将人类与自然之间单纯的索取关系转变为和谐共生的关系，其主要目标就是更加高效、合理地利用水资源。

②由"以需定供"转变为"以供定需"。

③由出厂水质管理转变为用户水质综合管控。

④由分散建设和各自负责，转变为地区共建与资源共享，并尽快实行流域的统一管理。

⑤由常规的水处理工艺转变为综合处理工艺，充分结合预处理、常规处理、深度处理及膜技术处理等。

⑥由"节源＋开流"模式，转变为节流先行、治污为主、合理开源与综合利用。

⑦由污水的合理排放转变为污水处理实现资源化。

⑧由污泥的焚烧及填埋转变为污泥处理实现资源化。

⑨由单纯的终端处理转变为始端控制结合终端处理。

⑩由粗放式管理转变为精细化、制度化、规范化和信息化管理。

⑪由单一的防洪排涝转变为综合利用雨水。

二、给排水工程现代化管理指标体系

（一）现代化管理指标体系建立原则

1.政策相关性

现代化管理指标体系必须为决策者提供正确、客观的指标，具有描述当前给排水工程管理现状和衡量给排水工程管理水平的能力，同时与政策目标相适应。

2.信息综合性

现代化管理指标体系要能真实反映不同阶段给排水工程现代化管理的实现程度。该体系中的各项指标都应具有较大的集成度。

3.数据可靠性

现代化管理指标体系中的所有指标都应是客观存在的,避免主观因素对相关指标造成不利影响。同时,指标包含的物理意义应清晰、明确,应选用标准、规范的测定与统计方法。另外,指标应能够准确反映相关活动的动态趋势。

4.可比性及可接受性

现代化管理指标体系应满足在时间与空间上的可比要求,应优先选择具有较强可比性的指标。

可接受性是指现代化管理指标体系中指标的意义与作用应清晰、明确,可以被决策者轻易接受。

5.可获得性

可获得性主要是对数据而言的,要求所需数据具备良好的可获得性,并且概念清晰,计算方式不得过于复杂。

6.导向性

导向性是指通过对指标体系的应用,相关部门可在真实反映目前给排水现状的基础上,为其未来改造和发展提供可行的指导意见,并确立一定时期内的发展目标及方向。

市政给排水工程是一项错综复杂且规模庞大的系统工程。其内在包含的多个子系统,各自在数量与质量层面,均遵循着一定的逻辑顺序,呈现出可量化的特征,这些可量化的因素即为可比量。为了有效推动给排水工程的现代化管理,相关部门需依据给排水现代化管理的核心理念与基本要求,结合科学合理的指标体系建立原则,从可比量中精心筛选出那些具有代表性的关键指标。随后,相关人员要根据这些筛选出的可比量的独特性质与相互联系,进行巧妙组合与编排,从而构建出一套全面、系统、具有高度代表性的指标体系。这套指标体系不仅能够精准地反映当前城市给排水系统的真实运行状况与性能水平，还能够为城市管理者提供强有力的数据支撑与决策依据，帮助他们做出更加科学、合理的现代化管理决策，进而推动城市给排水事业的健康发展。

（二）现代化管理指标体系建立——以湖南省为例

基于市政给排水工程现代化管理指标体系，以及湖南省地区实际情况，笔者认为在建立现代化管理指标体系的过程中，相关部门应将以下方面作为核心。具体见表6-1所示的湖南省市政给排水工程现代化管理指标体系。

表6-1　湖南省市政给排水工程现代化管理指标体系

现代化管理指标体系	给水系统	城市自来水普及程度
		人均生活用水量
		企业万元GDP用水量
		水质合格率
		管线漏水情况
	排水系统	污水处理水平
		污水处理后达标水平
		工业生产废水排放达标水平
		污水二次利用情况
		雨水收集与再利用系统
	监督管理	监管制度与体制优化
		给排水决策支持系统
		信息化与社会化服务机制

第七章　市政给排水工程成本、资源与合同管理

第一节　市政给排水工程施工成本管理

市政给排水工程施工成本管理是市政给排水工程施工过程中以降低工程成本为目标，对成本的形成所进行的预测、计划、控制、核算、分析等一系列管理工作的总称。市政给排水工程施工成本是市政给排水工程施工质量的综合性指标。显然，施工单位在按照标价承担一项工程任务后，如果不能将工程成本控制在合同价格以内，就会亏损。所以施工成本管理是国内外承包企业签署承包工程合同以后要进行的一项极为重要的工作。

一、给排水工程施工成本管理的基础工作

给排水工程施工成本管理的基础工作包括以下几个方面：

（一）建立技术经济定额体系

为了有效管理施工项目的成本，相关部门需要建立一套先进的技术经济定额体系。这套体系将成为其编制详细施工作业计划、编制科学合理的降低成本计划的基础。同时，它也是相关项目进行成本核算的重要工具，有助于相关人

员精确掌握人工成本的投入、材料消耗的总量及机具使用的效率。此外，通过这套定额体系，相关部门能够更加精准地控制费用开支，确保每一笔支出都符合预算要求。

（二）计量检验

相关部门应确保配备充足的、精确的计量器具。这些器具对于准确测量和记录施工过程中所使用的材料、能源及劳动力等成本要素至关重要。同时，必须建立健全出入库检验制度，确保所有进入施工现场的材料都经过严格的质量与数量检验，从而有效控制材料成本。

（三）制定原始记录制度

原始记录制度需覆盖施工、劳动、料具供应、机械使用、资金管理及附属企业生产等多个方面，确保各项成本要素都能得到准确、及时的记录和监控。

具体而言，该制度应明确各项记录的格式要求，确保信息的标准化和一致性。同时，规定计算登记的具体方法和流程，以保证数据的准确性和可追溯性。此外，还需设定合理的报送时间，确保成本报表能够及时编制并上报，为管理层提供及时、有效的决策支持。

（四）确定内部计划价格

在给排水工程施工成本管理的基础工作中，确定材料、工具的内部计划价格是一项至关重要的任务。该任务旨在确保在施工过程中，相关人员能够迅速、准确地计价，并为其进行材料和工具的核算工作提供统一、规范的基准。

内部计划价格的确定，可以更加高效地追踪和管理材料、工具的成本变动，从而有助于相关部门采取必要的调整措施，有效控制施工成本。同时，内部计划价格的确定还能促进材料、工具的合理调配和使用，进一步提升施工成本的管理效率。

（五）编制施工预算

施工预算，顾名思义，是指在给排水工程施工前，相关人员根据施工图纸、施工定额、施工组织设计及市场价格等，对工程项目所需的人工、材料、机械等费用进行预先计算和确定的过程。它对指导施工、控制成本、优化资源配置等方面都有重要意义。通过施工预算，相关部门可以预测工程项目的总成本，为工程成本计划的编制提供基础数据。同时，施工预算也是进行成本控制和管理的起点，为后续的成本控制工作提供了明确的目标和方向。

（六）编制成本计划

在保证质量的前提下不断降低工程成本，是市政给排水工程施工成本控制的一项重要任务。相关部门应依据施工预算项目编制工程成本计划，提出降低成本的要求、途径和措施，并层层落实到工区、施工队和班组，向工作人员提出任务目标，以期完成和超额完成成本计划。

企业的计划、技术和财务部门要会同其他有关部门，根据给排水工程施工任务和降低成本的目标，共同负责编制工程成本计划。

编制程序如下：首先根据给排水工程施工任务和降低成本的指标，收集、整理所需要的资料，如上年度计划成本、实际成本。然后，以计划部门为主，财务部门配合，对上述资料进行研究分析，挖掘企业潜力，确定降低成本的目标。再由技术部门会同其他有关部门共同研究，提出降低成本的相关计划。在此基础上，由计划、财务部门会同其他有关部门编制降低成本计划。

值得注意的是，在所编制的给排水工程施工成本计划中，要包括明确的降低水利工程施工成本的途径和相应的降低工程施工成本的措施。

降低给排水工程施工成本的措施一般包括以下几种：

第一，加强施工生产管理。合理组织施工生产，选择合适的施工方案，进行现场施工成本控制，以降低工程施工成本。

第二，提高劳动生产率。工程施工成本的高低在很大程度上取决于施工过程中所消耗的物化劳动量与活劳动量。一般建筑工程的工资支出占总成本的8%～12%。减少工资开支，主要是靠提高劳动生产率来实现的。劳动生产率的提高有赖于施工机械化程度的提高和技术的进步，这是以少量物化劳动取代大量活劳动的结果。采用机械化施工和新技术、新工艺，可以取得降低工资支出、降低工程成本的效果。此外，减少活劳动消耗量还可以减少与此相关的劳保费、技术安全费、生活设施费，以及与缩短工期有关的施工管理费等费用。

第三，节约材料费用。在建筑工程中，材料费用所占比重最大，一般为60%～70%，所以减少材料消耗对降低工程成本意义重大。节约材料费用的途径有很多，相关人员需认真对待材料采购、运输、入库、使用及竣工后部分材料的回收等环节，以最大限度地节约材料费用。例如，在采购中，尽量选择质优价廉的材料；尽量做到就地取材，避免远距离运输；合理选择运输供应方式，合理确定库存，注意内外运输衔接，尽量避免二次搬运；合理使用材料，避免大材小用；控制用料，合理使用代用材料和质优价廉的新材料；等等。这些都是节约材料费用的有效途径。

第四，提高机械设备利用率，降低机械使用费。随着施工机械化程度的提高，管理好施工机械，提高机械完好率和利用率，充分发挥施工机械的作用是降低施工成本的重要途径。

第五，节约施工管理费。施工管理费占工程成本的14%～16%，所占比重较大。相关人员应本着艰苦奋斗、勤俭办企业的方针，精打细算，节约开支，降低非生产人员的比例。

第六，加强技术与质量管理。相关部门应积极推行新技术、新结构、新材料、新工艺，不断提高施工技术水平，保证工程质量，避免和减少返工损失。

二、给排水工程施工成本分析

（一）给排水工程施工成本因素分析

施工企业在生产过程中，一方面生产建筑产品，另一方面又为生产这些产品耗费一定数量的人力、物力和财力。这些生产耗费的货币表现，统称为生产费用。工程成本分析，就是通过对比与分析施工过程中的各项费用，揭露存在的问题，寻找降低工程施工成本的途径。

工程施工成本作为一个反映企业施工生产活动耗费情况的综合指标，必然同各项技术经济指标存在着密切的联系。技术经济指标的完成情况，最终会直接或间接地影响工程施工成本的增减。

下面就主要工程技术经济指标变动对给排水工程施工成本的影响作简要分析：

1.产量变动对工程施工成本的影响

工程施工成本一般可分为变动成本和固定成本两部分。固定成本不随产量变化，因此随着产量的提高，各单位工程所分摊的固定成本将相应降低，单位工程施工成本就会随产量的增加而有所降低。

2.劳动生产率变动对工程施工成本的影响

提高劳动生产率，是增加产量、降低成本的重要途径。劳动生产率变动对工程施工成本的影响体现在两个方面：一是产量变动会影响工程施工成本中的固定成本；二是劳动生产率的变动会直接影响工程施工成本中的人工费（即变动成本的一部分）。值得注意的是，随着劳动生产率的提高，工人工资也有所提高。因此，在分析劳动生产率对工程施工成本的影响时，还需要考虑工资的影响。

3.资源利用程度对工程施工成本的影响

在给排水工程施工中，总是要耗用一定的资源。尤其是原材料，其成本在工程施工成本中占有相当大的比重。因此，降低资源的耗用量，对降低工程施工成本有着重要的作用。

4.机械利用率变动对工程施工成本的影响

机械利用率的高低，并不直接引起成本变动，但会使产量发生变化，通过产量的变动影响单位成本。因此，机械利用率的变化也会对工程施工成本产生影响。

5.工程质量变动对工程施工成本的影响

工程质量的好坏，既是衡量企业技术和管理水平的重要标志，也是影响产量和成本的重要因素。质量提高，返工减少，既能加快施工速度，促进产量增加，又能节约材料、人工、机械和其他费用，从而降低工程施工成本。

给排水工程存在返工、修补、加固等要求，返工次数和每次返工所需的人工、机械、材料等费用越多，对工程成本的影响就越大。因此，一般用返工损失金额来综合反映工程施工成本的变化。

6.技术措施变动对工程施工成本的影响

在给排水工程施工过程中，施工企业应尽量发挥潜力，采用先进的技术，这不仅是企业发展的需要，也是降低工程施工成本的有效手段。

7.施工管理费变动对工程施工成本的影响

施工管理费对工程施工成本有较大的影响。相关部门可以通过精简机构，提高管理工作质量和效率，节省开支。

（二）给排水工程施工成本综合分析

给排水工程施工成本综合分析，就是从总体上对工程成本计划的执行情况进行较为全面的总体分析。在经济活动分析中，工程成本通常可分为三种：预算成本、计划成本和实际成本。

1.预算成本

预算成本一般为相关部门根据施工图预算所确定的工程成本。在实行招标承包的工程中，其一般为工程承包合同价款减去利润后的成本，因此又被称为承包成本。

2.计划成本

计划成本是在预算成本的基础上，根据成本降低目标，结合本企业的技术组织措施、计划和施工条件等所确定的成本。降低计划成本是企业降低生产消耗费用的奋斗目标。

3.实际成本

实际成本是指企业在完成建筑安装工程施工中实际发生费用的总和，是反映企业经济活动效率的综合性指标。计划成本与预算成本之差即为成本计划降低额；实际成本与预算成本之差即为成本实际降低额。将成本实际降低额与成本计划降低额作比较，可以考察企业降低成本的执行情况。

工程施工成本的综合分析，一般可分为以下三种情况：

①将实际成本与计划成本进行比较，以检查降低成本计划的完成情况。

②对企业内的各单位进行比较，从而找出差距。

③将本期成本与前期成本进行比较，以便分析成本管理的执行情况。

在进行成本分析时，既要看成本降低额，又要看成本降低率。成本降低率是相对数，便于相关人员进行比较。

（三）给排水工程施工成本偏差分析方法

1.横道图法

用横道图法进行施工成本偏差分析，是用不同的横道标识已完工程计划投资、拟完工程计划投资和已完工程实际投资，横道的长度与其金额成正比。

横道图法的优点是形象、直观、一目了然。但是，这种方法反映的信息量少，一般用于项目的决策分析阶段。

2.表格法

表格法是进行施工成本偏差分析时较为常用的一种方法，它具有灵活、适用性强、信息量大、便于计算机辅助施工成本控制等特点，如表7-1所示。

表7-1　施工成本偏差分析表

拟完工程计划投资	计划单价×拟完工程量
已完工程计划投资	计划单价×已完工程量
已完工程实际投资	已完工程量×实际单价＋其他款项
投资局部偏差	已完工程实际投资－已完工程计划投资
投资局部偏差程度	已完工程实际投资/已完工程计划投资
投资累计偏差	投资局部偏差之和
投资累计偏差程度	已完工程实际投资之和/投资局部偏差之和
进度局部偏差	拟完工程计划投资－已完工程计划投资
进度局部偏差程度	拟完工程计划投资/已完工程计划投资
进度累计偏差	进度局部偏差之和
进度累计偏差程度	拟完工程计划投资之和/已完工程计划投资之和

此外，还有曲线法等，在此不再一一分析。

三、给排水工程施工成本管理的程序

进行给排水工程施工成本管理的目的是确保施工成本目标的实现，并合理地确定施工项目成本管理目标值，包括项目的总目标值、分目标值、各细目标值。

如果没有明确的施工成本管理目标，就无法进行项目施工成本实际支出值与目标值的比较，不能进行比较也就不能找出偏差，不知道偏差程度，就会使控制措施缺乏针对性。在确定施工成本管理目标时，应有科学的依据。如果施工成本目标值与人工单价、材料预算价格、设备价格及各项有关费用、各种取费标准不相适应，那么施工成本管理目标便没有实现的可能，所进行的成本管理也是徒劳的。

给排水工程施工成本管理的程序如下：

第一，认真研究和分析施工方法、施工顺序、作业组织形式、机械设备的选型、技术组织措施等，编制科学先进、经济合理的施工方案。

第二，根据企业下达的成本目标，以实际工程量或工作量为基础，根据消耗标准（如我国的基础定额、企业的施工定额）和技术组织的节约计划，在优化的施工方案的指导下，编制明细而具体的成本计划，将成本责任落实到各职能部门、施工队。

第三，根据项目施工期的长短和参加工程人数的多少，编制间接费预算表，并进行明细分解，落实到有关部门，为成本控制和绩效考评提供依据。

第四，加强对施工任务和限额领料的管理。施工任务应与工序结合起来，做好每一个工序的验收工作（包括实际工程量的验收和工作内容、进度、质量要求等综合验收评价），以及实耗人工、实耗机械台班、实耗材料的数量核对，以保证施工任务和限额领料信息的正确，为成本控制提供真实、可靠的数据。

第五，根据施工任务进行实际与计划的对比，计算工程中的成本差异，分析差异产生的原因，并采取有效的纠偏措施。

第六，做好检查周期内成本原始资料的收集、整理工作，正确计算各工作阶段的成本，并做好已完成工序实际成本的统计工作，分析该检查期内实际成本与计划成本的差异。

第七，在上述工作的基础上，实行责任成本核算，并与责任成本进行对比，分析成本差异和产生差异的原因，采取措施缩小甚至消除差异。

总之，在给排水工程施工过程中，施工成本管理是所有管理人员必须重视的一项工作，必须依赖各部门、各单位的通力合作。

四、给排水工程施工成本管理的措施

给排水工程施工成本管理的措施涉及多个方面，旨在确保施工成本目标的实现，并合理控制施工过程中的各项费用。此处以给水管网造价控制为例，分析给排水工程施工成本管理的相关措施。

给水管网是国家实施的一项民生工程，旨在保障人民的正常生活和生产用水。给水管网工程的建设往往伴随着庞大的投资规模，而具有复杂性与挑战性的工程技术又时常难以直接转化为显著的经济效益。为此，有关单位必须做好相应的成本控制，明确各阶段的施工内容，以减少施工中出现的问题。

许多建筑、施工单位在进行给水管网规划时，往往存在很大的随意性。这不但会造成管网布局不合理，而且会对居民的生活产生一定的影响。在施工前，施工人员、管理人员等应共同讨论给水管网的布局。如果给水管网布局不合理，不仅会导致工程难以达到预期目标，而且会增加管网的管理与维修难度。

在进行规划时，相关人员应明确管网的布局，确保管网的布局符合地区整体规划的要求。给水管网工程由于其复杂又庞大的规模，通常需要分阶段进行施工。在实际施工过程中，相关人员能否严格按照既定规划推进，不仅取决于施工计划的周密性，更关键的是要考虑施工方法的可行性和灵活性。在规划给水管网时，相关人员既要确保各用户均能享受充足的水压和水量，又要加强管网的安全配置，以增强整个供水系统的稳定性和可靠性。在此过程中，为了有效控制给水管网工程的造价，相关单位必须采取一系列措施。

（一）合理应用工程造价预结算方法

1.全面审核

在铺设给水管网时，审核人员要对有关的物料、设备等进行全面的审计和核算，以达到对项目成本的全面控制。审核人员可以通过全面审核方法对给水管网工程建设投资的全过程进行审计，以提高工程结算的科学性。

在运用全面审核方法进行项目成本控制时，审核人员必须严格按工程图纸进行验收。在此期间，审核人员必须清楚地了解给水工程建设所需物料和设备的市场价格，并将其列入结算范围。这样可以更好地控制给水管网铺设工程的单位成本。

2.重点审核

重点审核作为供水管道工程施工成本控制的关键环节，其重要性不言而喻。这一方法的核心在于明确并聚焦于成本控制中的关键要素和重点领域，通过有针对性的深入审查与评估，实现对施工成本的有效控制。在实施给水管网项目成本控制时，关键是要控制管网铺设的结算内容。审核人员要了解这一环节的施工过程，然后核实每一步所需的材料和费用。在给水管网工程建设过程中，管网铺设无疑占据着举足轻重的地位，它不仅工作量大、技术要求高，而且投资规模也相当可观。因此，对于这一环节的结算工作，审核人员必须给予高度重视。

3.对比审核

通过对比审核，审核人员可以更好地了解项目工程建设所需的资金。在运用此方法进行管网铺设结算时，审核人员要对同一地区的类似工程进行分析、比较，以便为工程造价的控制提供参考。给水管网工程的建设可以借鉴更多类似的工程，因此在进行结算时，审核人员可依据类似工程的材料、人工、机械等成本数据，对当前工程项目的成本进行对比分析。通过详细比较当前工程建设期间的实际成本与类似工程的成本，审核人员能够清楚地识别出两者之间的差异。产生这些差异的原因可能有多种，如材料价格波动、施工工艺改进、管理效率提升等。针对这些差异，审核人员需要特别关注并深入分析其背后的原因，以判断其合理性和合规性。

4.分组计算审核

尽管铺设管网仅仅是给水管网工程中的一部分，但它是一个需要大量人力与财力投入的关键环节。为了更有效地控制这一环节的成本，并确保结算工作的精准性，审核人员可以采用分组计算审核的方式来审核。

分组计算审核是一种将管网铺设工程细化为多个具体环节，并针对每个环节的资金使用情况进行独立计算与审核的方法。这种方法能够帮助审核人员更加细致地追踪每一笔资金流向，从而更准确地把握每个环节的成本构成与资金需求。

在实施分组计算审核之前，首要任务是明确分类标准。这通常需要根据管网铺设工程的实际情况，结合类似工程的性质和规模来综合确定。通过参照过往类似项目的经验，审核人员可以更加科学地划分出不同的成本类别，如材料费、人工费、机械费、管理费等，并为每个类别设定合理的审核要点与标准。一旦分类标准确定，审核人员就可以依据这些标准对管网铺设工程的各个环节进行逐一审核。

5.筛选法

在给水管网工程建设的过程中，筛选法是一种极为有效的成本控制手段。

针对管网铺设工作的显著特点，如管道布局的合理性、施工协调的高效性、防止管道交叉的重要性，筛选法能够发挥其独特的作用。在施工过程中，审核人员应用筛选法，可以更加精确地识别出影响成本控制的关键因素和潜在问题。

具体而言，筛选法要求审核人员首先建立一套科学的评估体系，对管网铺设工程的各个环节进行细致的评估和分类。在此基础上，针对预算与实际情况不符的常见问题，审核人员需要运用专业知识和经验，对这些问题进行深入的分析。通过对比分析预算数据与实际施工成本，审核人员可以快速定位到成本超支或节约的具体环节，从而为后续的调整和优化提供依据。

在处理这些问题的过程中，审核人员不仅要关注成本数据的准确性，还要注重与施工团队、设计单位等相关方的沟通协调。通过加强信息共享和协作配合，审核人员可以更加全面地了解工程的实际情况，确保成本造价始终控制在期望的范围之内。

（二）掌握最终结算阶段中的造价控制要点

在最后的结算阶段，审核人员要确保给水管网工程的成本被严格限定在一个合理且可行的范围内。这不仅是对工程经济效益的保障，也是确保实际施工过程中成本控制要求得以满足的关键。

在结算时，审核人员需要深入剖析工程的施工深度、细致考察管网节点的布局，并熟练掌握施工图纸的每一个细节，以此来精准控制给水管网建设的费用。这一过程不仅要求审核人员具备扎实的专业知识，还需要他们具备高度的责任心和细致入微的工作态度。

此外，在项目设计阶段，审核人员应当积极介入，严格遵循规范流程，科学合理地编制工程预算方案。精细化的预算控制，能从源头上降低项目的整体成本，确保预算与结算之间的有效衔接。同时，审核人员还需密切关注市场动态，合理预测材料、人工等成本的变化趋势，为项目决策提供有力支持。

在审核过程中，审核人员应充分利用工程设计、施工及管理部门提供的丰富资料，对给水方式、管网结构等核心要素进行详细分析。在控制给水费用方面，审核人员要确保干管、支管及接户管的尺寸设计既能满足当前的用水需求，又能避免浪费。

在此过程中，给水管网工程主管单位要加强对项目结算的监管，以提高项目的投资效益。审核人员必须按照项目的施工进度和结算要求来完成相应的工作，有效地控制项目各环节所使用的费用，确保对项目费用的控制贯穿于整个项目。审核部门要提高审核人员的工作热情，优化会计方法，正确处理项目细节，使审核工作真正发挥其应有的作用。

（三）加强实施阶段的工程签证管理

工程实施是造价管理的最终环节，也是工程建设和成本控制的重要环节。给水管网工程建设中的施工会受多种因素的影响。在进行给水管网工程施工时，施工人员需要对地形、气候等因素进行综合分析，同时还要综合考虑当地居民的居住习惯等。在目前的管道工程施工过程中，对工程费用影响最大的是工程签证，其会导致工程造价难以被控制在一定的范围内，甚至有可能引起法律纠纷。因此，在进行给水管网工程施工时，相关部门必须加强对工程签证的管理，以提高工程施工的经济性和管理效率。

1.按照程序进行签证

签证程序的规范，可以从根本上控制给水管网铺设项目的费用。不同的工程签证有不同的规定。比如，在办理设计变更签证时，相关人员必须先让业主查看设计图纸，如果发现设计不合理，则应向原设计部门申请更改。原设计单位需积极响应业主的需求，按照业主的具体要求，对设计图纸进行必要的修订。完成修订后，原设计单位有责任将修订后的设计图送交相关的主管部门进行审核。这一步骤至关重要，它有助于确保设计变更的合法性与合规性，也有助于保障后续施工的安全与质量。一旦主管部门审核通过，原设计单位须进一步整理并提交设计变更报告。这份报告不仅应详细记录设计变更的内容与理由，还应包括设计变更后可能出现的问题及应对措施。为了确保设计变更的权威性和可追溯性，技术主管部门和原设计部门的相关负责人应在报告上签字确认，这标志着设计变更流程正式完成。规范的签证流程可以防止施工单位虚报施工数量、单价等，有利于有效控制工程成本。

2.审核签证内容的真实性

在审核工程签证的过程中，相关管理人员扮演着至关重要的角色。他们要紧密结合工程的实际情况，对涉及的工程量进行逐一核对，确保准确无误。基于这些核对结果，管理人员会精心编制一份详尽且合理的工程量清单，作为后续审核与结算的重要依据。

为了确保审核的深入性与全面性，审核人员必须深入工地进行调查，尤其要注意对隐蔽工程的检测。为确保签证内容的真实性，施工负责人和签证机构必须在给水管道被掩埋前对其进行勘察和记录，以加强签证审核的公信力。

3.审核签证内容的合法性

在进行项目建设的过程中，严格遵守相关法律法规是确保项目顺利推进的基础。其中，签证内容的合法性与合规性直接关系到项目的总体建设与后续运营。因此，任何签证内容都必须严格遵循国家现行的法律法规，否则不仅会对项目造成难以估量的负面影响，还可能使其丧失法律效力，给项目参与方带来严重的法律后果。

监理单位作为项目建设中的重要监管力量，承担着对工程项目进行全面监督与管理的责任。在给水管网铺设项目启动之初，监理单位的首要任务便是对该项目的招标文件进行细致审核。这一步骤至关重要，因为它直接关系到后续工程合同的签订与执行。监理单位需确保招标文件的条款清晰、合法，且符合国家相关法律法规的要求，从而避免在后续过程中因合同条款不合规而引发的法律纠纷。

4.审核签证内容的合理性

在审核签证时，审核人员必须确保签证的内容合理，从而从根本上控制工程项目的成本费用。监理部门要做好市场调研，了解工程中所用管道的质量和相应的价格，在确定了施工设备和管道的型号、规格后，再对所需材料、设备的成本进行明确说明。同时，还要保证材料、设备参数等符合要求，对签证的内容要有充分的把握，并对其进行严格审核，以保证其内容的合理性。

第二节　市政给排水工程
施工资源管理

一、施工资源管理概述

（一）编制资源计划

根据给排水工程的施工进度计划、各分部分项的工程量，编制资源需用计划表。对资源投入量、投入时间和投入顺序进行合理安排，以满足施工项目实施的需要。

（二）资源的管理

按照编制的各种资源计划进行管理。从资源的来源，到资源的投入，所有环节都要纳入管理内容，从而使资源计划得以实现。

（三）节约使用资源

节约使用资源的总体原则是根据每种资源的特性，采取科学的措施进行动态配置和组合，协调投入，合理使用，并不断纠正偏差，以尽可能少的资源满足项目需求，实现资源节约的目的。

（四）进行资源使用效果分析

对资源使用效果进行分析：一方面对管理效果进行总结，找出经验和问题，评价管理活动；另一方面为管理提供信息，以指导以后的管理工作。

二、人力资源管理

（一）人力资源管理体制

施工总承包、专业承包企业可通过自有劳务人员或劳务分包、劳务派遣等多种方式完成劳务作业。施工总承包、专业承包企业应拥有一定数量的与其建立稳定劳动关系的骨干技术工人，或拥有独资（或控股）的施工劳务企业，组织自有劳务人员完成劳务作业；也可以将劳务作业分包给具有施工劳务资质的企业；还可以将部分临时性、辅助性工作交给劳务派遣人员来完成。

施工劳务企业应依法承接施工总承包、专业承包企业发包的劳务作业，并组织自有劳务人员完成作业，不得将劳务作业再次分包或转包。

（二）劳动力的优化配置

劳动力的优化配置是指根据劳动力需求计划，通过双向选择机制，实现择优汰劣、能进能出的动态管理，同时确保人员的相对稳定，以此充分利用人力资源，降低工程成本，最终达到实现最佳方案的目标。具体应做好以下几方面的工作：

第一，在劳动力需用量计划的基础上，按照施工进度计划和工种需要数量进行配置，必要时根据实际情况对劳动力计划进行调整。

第二，配置劳动力时应掌握劳动生产率水平，使工人有超额完成的可能，对超额完成的情况进行奖励，进而激发工人的劳动热情。

第三，如果现有人员在专业技术或其他素质上不能满足要求，应提前进行培训，再上岗作业。

第四，尽量使劳动力和劳动组织保持稳定，防止频繁调动。当使用的劳动组织不适应任务要求时，则应进行劳动组织调整。

第五，劳动力应均衡配置，各工种组合应合理。

（三）劳动力的动态管理

劳动力的动态管理指根据给排水工程的任务和施工条件的变化对劳动力进行跟踪、协调、平衡，以解决劳动力失衡、劳务与生产要求脱节的动态过程。

劳动力动态管理的原则是：以进度计划与劳务合同为依据，以劳动力市场为依托，以动态平衡和日常调度为手段，以达到劳动力优化组合和充分调动作业人员的积极性为目的，允许劳动力在市场内合理流动。

劳动力的动态管理应从以下几方面着手：

第一，按劳动力需求计划下达生产任务书或承包任务书，合理安排劳务人员。

第二，在施工过程中，需要持续进行劳动力的平衡与调整工作，以解决施工要求与劳动力数量、工种、技术能力以及相互配合之间存在的矛盾。同时，还需与企业管理层保持信息的有效沟通，并协调好人员的使用和管理工作。

第三，对作业效率和质量进行检查，根据执行结果进行考核，按合同支付劳务报酬。

（四）人员培训和持证上岗

劳动者的素质、劳动技能不同，在施工中所起的作用和获得的劳动成果也不同。当前给排水工程施工企业缺少的是有知识、有技能、适应施工企业发展要求的劳务人员。因此，相关部门应采取措施，全面开展培训，使劳务人员达到预定的目标和水平。具体要求如下：

给排水工程施工企业承担劳务人员的教育培训责任。施工企业应通过积极创建农民工业余学校、建立培训基地、师傅带徒弟、现场培训等多种方式，提高劳务人员的职业素质和技能水平，使其满足工作岗位需求。

给排水工程施工企业应对自有劳务人员的技能和岗位培训负责，建立劳务人员分类培训制度，实施全员培训、持证上岗。对新进入建筑市场的劳务人员，应组织相应的上岗培训，考核合格后方可上岗；对有岗位调整或需要转岗的劳务人员，应重新组织培训，考核合格后方可上岗。施工总承包、专业承包企业应对所承包给排水工程施工现场劳务人员的岗前培训负责，对施工现场劳务人员持证上岗作业负监督管理责任。

（五）劳动绩效评价与激励

绩效评价指按照既定标准，采用具体的评价方法，检查和评定劳动者工作过程、工作结果，以确定工作成绩，并将评价结果反馈给劳动者的过程。

有效的激励措施是做好项目管理的必要手段，管理者必须深入了解员工的各种需要，正确选择激励手段，制定合理的奖惩制度并适时采取相应的惩罚和激励措施，以提高员工的工作效率。

三、施工材料管理

施工材料管理指按照一定的原则、程序和方法，合理做好材料的供需平衡、运输与保管工作，以保证施工的顺利进行。

（一）材料采购与供应管理

材料供应是材料管理的首要环节。给排水工程的材料供应通常划分为企业管理层和项目部两个层次。

1.企业管理层材料采购供应

施工总承包企业应建立统一的材料供应部门，对各项目所需的主要材料、大宗材料实行统一计划、统一采购、统一供应、统一调度和统一核算。施工总承包企业材料部门要建立合格供应方名录，先对供应方进行考核，再签订供货合同，确保所采购材料的质量。同时，企业统一采购有助于进一步降低材料成本，还可以避免由于多渠道、多层次采购而产生的效率低下。

施工总承包企业材料供应部门的主要工作包括：

①根据各项目部材料需用计划，编制材料采购和供应计划，确定并考核施工项目的材料管理目标。

②建立稳定的供货渠道和资源供应基地，发展多种形式的横向联合模式，建立长期、稳定、多渠道可供选择的货源，为提高工程质量、降低工程成本打下牢固的物质基础。施工总承包企业应对供应方进行评价，合理选择材料供应方。评价内容主要包括：经营资格和信誉，供货能力，建筑材料、构配件的质量、价格，售后服务等。

③组织好招标采购报价工作，建立材料管理制度，包括材料目标管理制度、材料供应和使用制度，并对材料采购进行有效的控制、监督和考核。

2.项目部材料采购供应

由于给排水工程所用材料种类繁多，用量不一，为便于管理，施工总承包企业应给予项目部必要的材料采购权，负责采购企业材料供应部门授权范围内的材料，这样可以使两级采购相互弥补，从而保证供应，不留缺口。

项目部材料采购供应的主要内容包括：

①准确编制各种材料需用量计划，并及时上报企业材料供应部门。

②按计划购买材料，把好材料进场关，保证材料质量符合要求。

（二）施工材料的现场管理

1.现场材料管理的责任

项目经理是进行现场材料管理的全面领导者和责任者。项目部主管材料人员是施工现场材料管理的直接责任人。班组材料员在项目材料员的指导下，协助班组长组织和监督本班组合理进行领料、用料和退料工作。现场材料人员应建立并落实材料管理岗位责任制。

2.现场材料管理的内容

（1）材料计划管理

在项目开工前，项目部应向企业材料供应部门提交一次性计划，作为供应备料的依据。在施工中，再根据工程变更及调整的施工进度计划，及时向企业材料供应部门提交调整供料计划。材料供应部门按月对材料计划的执行情况进行检查，不断改善材料供应状况。

（2）材料验收

材料进场验收应遵守下列规定：

①清理存放场地，做好材料进场准备工作。

②检查进场材料的凭证、票据、进场计划、合同、质量证明文件等有关资料，确认材料符合相关要求。

③检查材料品种、规格、包装、外观、尺寸等，检查外观质量是否满足要求。在外观质量满足要求的基础上，再按要求取样进行材料复验。

④按照规定分别采取称重、点件、检尺等方法，检查材料数量是否满足要求。

⑤验收时要做好记录，办理验收手续。

（3）材料的储存、保管与领发

进场的材料应验收入库，建立台账；入库的材料应按型号、品种分区堆放，施工现场材料的放置应按总平面布置图实施，要求位置正确、保管处置得当、符合堆放保管制度；要日清、月结、定期盘点，保证账物相符。

施工现场的材料领发，应遵照限额领料制度。此外，还应建立领发料台账，记录领发状况和节超状况。

（4）材料的使用监督

项目部应实行材料使用监督制度，由现场材料管理责任者对材料的使用进行监督，填写监督记录，对存在的问题及时分析并予以处理。监督的内容主要包括：是否按平面图要求堆放材料，是否按要求保管材料，是否合理使用材料，是否认真执行领发料手续，是否做到工完料清、场清等。

（5）材料的回收

班组余料必须回收，及时办理退料手续，并在限额领料单中登记扣除。余料要造表上报，按供应部门的要求办理调拨或退料。建立回收台账，处理好经济关系。

四、施工机械设备管理

施工机械设备管理，是按照机械设备的特点，在施工生产活动中，为解决好人、机械设备和施工生产对象的关系，使之充分发挥机械设备的优势，获得最优的经济效益，而进行的组织、计划、指挥、监督和调节等项工作。

施工机械设备管理的任务是正确贯彻国家的方针政策，通过采取一系列技术、经济和组织措施，做好机械设备的选配、管理、保养和修理等工作，提高机械设备的完好率、利用率和工作效率，保证机械的合理有效使用，实现低消耗、低成本，为项目机械化施工服务。

（一）机械设备的供应形式

1.企业自有装备

施工企业应根据自身经济实力、任务类型、施工工艺特点和技术发展趋势购置自有机械。自有机械应当是企业常年大量使用的机械，以保证较高的机械利用率和经济效益。

2.租赁

对于某些大型的、专业的特殊机械（如压路车），如果施工企业自行装备会导致经济上的不合理，那么可以采取租赁的方式。

3.机械施工承包

在给排水工程中，针对那些操作复杂、技术要求高，且需要人与机械密切配合的机械设备（如管道铺设车、顶管机等），施工企业可以引入专业的机械化分包公司来负责装备和操作。

需要指出的是，不论采用哪种形式进行机械设备供应，提供给项目部使用的施工机械设备必须符合相关要求，保证施工的正常进行。

（二）机械设备的选择

机械设备的选择是进行机械设备管理的首要环节。其选择原则是：切合需要，技术上先进，经济上合理，能充分发挥现有机械设备的能力，降低闲置率。

机械设备的选择应根据施工企业装备规划，有计划、有目的地进行。在选择其他机械设备时，施工企业应首先确保能充分发挥现有机械设备的作用。在此基础上，对新增机械设备，从生产性、可靠性、节约性、维修性、环保性、耐用性、成套性、安全性、灵活性等方面进行技术经济分析。

（三）机械设备的使用管理

1.机械设备的安全管理

机械设备的安全管理主要包括以下内容：

①要建立健全设备安全检查、监督制度。同时，要定期和不定期地进行设备安全检查，及时消除隐患，确保设备和人身安全。

②对于起重设备的安全管理，要认真执行当地政府的有关规定。由具有相应资质的专业施工单位承担设备的安装、拆除、顶升、锚固、轨道铺设等工作任务。

③各种机械必须按照国家标准安装安全保险装置。若机械设备因转移施工现场而重新安装，则必须重新调试设备安全保险装置，并进行试运转，以确认

各种安全保险装置符合标准要求，确认无误后方可交付使用。

④严格遵守建筑机械使用安全技术规程，按要求进行设备操作和维护。

⑤项目应建立健全设备安全使用岗位责任制。

2.机械设备的制度管理

机械设备的制度管理主要包括以下内容：

①实行交接班制度。这有助于保证施工的连续性，使作业班组能够交清问题，防止机械损坏和附件丢失。机械设备操作人员要及时填写台班工作记录，记载设备运转时间、运转情况、故障及处理办法、设备附件和工具的情况、岗位及其他需要注意的问题等，以明确设备管理责任并为机械设备的维修、保养提供依据。

②所有机械应定机、定人、定岗位责任，即实行"三定制度"。

③健全机械设备管理的奖励与惩罚制度。

3.严格进行机械设备的进场验收

给排水工程要严格进行机械设备进场验收。一般中小型机械设备由施工员（工长）会同专业技术管理人员和使用人员共同验收；大型设备、成套设备需在项目部自检基础上，报请公司有关部门组织技术负责人及有关部门人员验收；对于重点设备（如塔式起重机）要组织第三方（具有认证或相关验收资质的单位）进行验收。

4.机械设备使用注意事项

①人机固定，实行机械使用、保养责任制，将机械设备的使用效益与个人经济利益相结合。

②实行持证上岗制度，操作人员必须经过培训和统一考试，考试合格取得操作证后，方可独立操作。

③遵守磨合期使用规定，防止机件早期磨损，从而延长机械使用寿命和修理周期。

④做好机械设备的综合利用。现场安装的施工机械应尽量做到一机多用。

⑤组织机械设备的流水施工。当某些作业主要通过机械而不是人力完成时，相关部门在划分施工段时必须考虑机械设备的服务能力，尽量使机械连续作业。当一个施工项目包含多个单位工程时，应合理安排机械在单位工程之间进行流水作业，以减少机械设备的进出场时间和装卸费用。

5.机械设备的保养与维修

为保持机械设备的良好运行状态，提高设备运转的可靠性和安全性，减少零件的磨损，降低消耗，延长机械的使用寿命，进一步提高机械施工的经济效益，应按要求及时进行机械设备的保养。

机械设备保养分为例行保养和强制保养。例行保养不占用机械设备的运转时间，由操作人员在机械运转间隙进行，主要保养内容包括保持机械的清洁、检查运转情况、按技术要求润滑等。强制保养是按照一定周期，占用机械设备的运转时间而停工进行的保养，保养周期需根据不同机械设备的磨损规律、作业条件、操作维护水平及经济性等主要因素确定，强制保养的内容是按一定周期分级进行的。例如，起重机、挖掘机等大型建筑机械应进行一至四级保养；汽车、空气压缩机等应进行一至三级保养；其他一般机械设备只进行一、二级保养。

第三节　市政给排水工程
施工合同管理

一、施工合同管理概述

工程施工合同是发包人与承包人之间完成商定的建设工程项目，确定合同主体权利与义务的协议。市政给排水工程施工合同是甲乙双方就市政给排水工程项目施工事项所达成的协议。

市政给排水工程施工合同管理是市政给排水工程管理的重要内容，按照《建设工程施工合同（示范文本）》（GF—2017—0201），市政给排水工程施工合同通常包括：一般约定、发包人、承包人、监理人、工程质量、安全文明施工与环境保护、工期和进度、材料与设备、试验与检验、变更、价格调整、合同价格、计量与支付、验收和工程试车、竣工结算、缺陷责任与保修、违约、不可抗力、保险、索赔和争议解决。

二、施工投标

（一）施工投标程序

给排水工程施工投标的一般程序：①报告参加投标；②办理资格审查；③取得招标文件；④研究招标文件；⑤调查招标环境；⑥确定投标策略；⑦编制施工方案；⑧编制标书；⑨投送标书。

（二）施工投标的准备工作

1.收集招投标信息

在确定招标组织后，收集招标信息，从中了解相关制约因素，可以帮助投标单位在投标报价时做到心中有数，这是影响施工企业投标成败的关键。比如：工程所在地的交通运输、材料和设备价格及劳动力供应状况；当地施工环境、自然条件、主要材料供应情况及专业分包能力和条件；类似工程的技术经济指标、施工方案及形象进度执行情况；参加投标企业的技术水平、经营管理水平及社会信誉等。

2.研究招标文件

投标单位取得投标资格，获得招标文件之后，首先要认真仔细地研究招标文件，充分了解其内容与要求，以便有针对性地开展投标工作。研究招标文件的重点应该放在投标者须知、合同条款、设计图纸、工程范围及工程量表上，还要研究技术规范要求，确定是否有特殊要求。

3.编制施工方案

编制施工方案是进行投标报价的前提，也是招标单位评标时要考虑的内容之一。施工方案由投标单位的技术负责人主持编制，主要考虑施工方法、施工机具的配置，各个工种劳动力的安排及现场施工人员的平衡，施工进度的安排，质量安全措施等。所编制的施工方案应该在技术和工期两方面对招标单位有吸引力，同时又能降低施工成本。

（三）投标报价

投标报价指投标单位为了中标而向招标单位报出的该建筑工程的价格。投标报价的正确与否，对投标单位能否中标及中标后的盈利状况起着决定性作用。

1.报价的基本原则

报价应符合国家规定，并能体现企业的生产经营管理水平；标价计算主次分明，并从实际出发，把实际可能发生的一切费用计算在内，避免出现遗漏和重复；报价以施工方案为基础。

2.投标报价的基本程序

准备阶段：熟悉招标文件，参加招标会议，了解、调查施工现场及项目所需原材料的供应情况。

投标报价费用计算阶段：分析并计算报价的有关费用，确定费率标准。

决策阶段：做出投标决策并且编写投标文件。所谓投标决策，主要包括：①决定是否投标；②决定采用怎样的投标策略；③投标报价；④中标后的应对策略。

3.复核工程量

在进行报价前，应该对工程量清单进行复核，确保标价的准确性。对于单价合同，虽然以实测工程量结算工程款，但投标人仍然应该根据图纸仔细核算工程量，若发现差异较大，投标人应该向招标人要求澄清。对于总价合同，如果业主在投标前对争议工程量不予以更正，投标者在投标时要附上声明，指出工程量表中某项工程量有错误，施工结算应该按照实际完成量计算。

4.选择施工方案

施工方案是报价的基础和前提，也是招标人评标时考虑的重要因素之一。有什么样的方案，就会有什么样的人工、机械和材料消耗，也就会有相应的报价。因此，必须弄清楚分项工程的内容、工程量、所包含的相关工作、工程进度计划的各项要求、机械设备状态、劳动与组织状况等关键环节，再据此编制施工方案。

5.正式投标

投标人经过多方面情况分析、运用报价策略和技巧确定投标报价，并且按照招标人的要求完成标书的准备与填报之后，就可以向招标人正式提交投标文件。需要注意投标的截止日期、投标文件的完整性、标书的基本要求和投标的担保。

三、施工合同的订立

订立施工合同要经过要约和承诺两个过程。要约指当事人一方向另一方提出签订合同的建议与要求，拟定合同的初步内容。承诺是受约人完全同意要约人提出的要约内容的一种表示。承诺后合同即成立。

按照《中华人民共和国招标投标法》，招标、投标、中标的过程实质就是要约、承诺的一种具体方式。招标人通过媒体发布招标公告，或向符合条件的投标人发出招标文件，为要约邀请；投标人根据招标文件内容在约定的期限向招标人提交投标文件，为要约；招标人通过评标确定中标人，发出中标通知书，为承诺；招标人和中标人按照中标通知书、招标文件和中标人的投标文件等订立书面合同。

四、施工合同履行过程的管理

合同的履行指工程建设项目的发包方和承包方根据合同规定的时间、地点、方式、内容和标准等要求，各自完成合同义务的行为。合同的履行是合同当事人双方都应尽的义务，任何一方违反合同，不履行合同义务，或者未完全履行合同义务，给对方造成损失时，都应当承担赔偿责任。

合同签订后，当事人必须认真分析合同条款，向参与项目实施的有关责任人进行合同交底，在合同履行过程中进行跟踪与控制，并加强合同的变更管理，保证合同的顺利履行。

（一）合同跟踪

合同签订以后，合同中各项任务的执行要落实到具体的项目经理部或具体的项目参与人员。承包单位作为履行合同义务的主体，必须对合同执行者（项目经理部或项目参与人）的履行情况进行跟踪、监督和控制，确保合同义务的完全履行。

合同跟踪有两个方面的含义：一是承包单位的合同管理职能部门对合同执行者的跟踪；二是合同执行者本身对合同计划的执行情况进行的跟踪、检查与对比。在合同实施过程中，二者缺一不可。

对合同执行者而言，需要掌握合同跟踪的以下内容：

1.合同跟踪的依据

合同跟踪的依据包括合同、依据合同而编制的各种计划文件，以及各种实际工程文件，如原始记录、报表、验收报告等。除此之外，管理人员对现场情况的直观了解，也属于合同跟踪的依据。

2.合同跟踪的对象

合同跟踪的对象主要包括以下几个方面：

（1）具体合同事件

工程施工的质量（包括材料、构件、制品和设备等的质量以及施工或安装质量）是否符合合同要求；工程进度是否在预定期限内，工期有无延长，延长的原因是什么；工程数量是否按照合同要求全部完成，有无合同规定以外的施工任务；施工成本的增加和减少等。

（2）工程小组或分包商的工程和工作

总承包商可以将工程施工任务分解交由不同的工程小组或发包给专业分包单位完成，总承包商必须对这些工程小组或分包人及其所负责的工程进行跟踪检查，协调关系，提出意见、建议或警告，保证工程的总体质量和进度。

对专业分包人的工作和负责的工程，总承包商负有协调和管理的责任，并承担由此造成的损失，所以专业分包人的工作和负责的工程必须纳入总承包工程的计划和控制中，防止因分包人工程管理失误而影响全局。

（3）业主及工程师的工作

业主是否及时、完整地提供了工程施工的实施条件，如场地、图纸、资料等；业主和工程师是否及时给予了指令、答复和确认等；业主是否及时并足额支付了应付的工程款项。

（二）合同实施的偏差分析

通过合同跟踪，合同执行者可能会发现合同实施中存在着偏差，即工程实施实际情况偏离了工程计划和工程目标。若遇到这种情况，则应该及时分析原因，采取措施，纠正偏差，避免损失。

合同实施偏差分析的内容包括以下几个方面：

1.产生偏差的原因分析

通过对合同执行实际情况与实施计划的对比，合同执行者不仅可以发现合同实施的偏差，而且可以分析引起偏差的原因。原因分析可以采用鱼刺图、因果关系分析图（表）等。

2.合同实施偏差的责任分析

分析合同实施偏差的责任，就是分析产生合同偏差的原因与谁相关，应该由谁承担责任。责任分析必须以合同为依据，按合同规定落实相应责任。

3.合同实施趋势分析

针对合同实施偏差情况，可以采取不同的措施，分析在不同措施下合同执行的结果与趋势，包括：最终的工程状况、总工期的延误、总成本的超支、质量标准、所能达到的生产能力（或功能要求）等；承包商将承担什么样的后果，如被罚款、被清算甚至被起诉等，对承包商资信、企业形象、经营战略的影响等；最终的工程经济效益（利润）水平。

（三）合同实施偏差处理

根据合同实施偏差分析的结果，承包商应该采取相应的调整措施，调整措施可以分为：

①组织措施。如增加人员投入，调整人员安排，调整工作流程和工作计划等。

②技术措施。如变更技术方案，采取新的高效的施工方案等。

③经济措施。如增加投入，采取经济激励措施等。

④合同措施。如进行合同变更，签订附加协议，采取索赔手段等。

五、施工合同变更的管理

施工合同变更指合同成立以后和履行完毕以前由双方当事人依法对合同的内容进行的修改，包括合同价款、工程内容、工程数量、质量要求和标准、实施程序等方面的一切改变。

（一）施工合同变更的原因

施工合同变更一般主要有以下几方面的原因：

①业主新的变更指令，对建筑的新要求，如业主有新的意图，业主修改项目计划、削减项目预算等。

②设计人员、监理人员、承包商事先没能很好地理解业主的意图或设计有错误，导致图纸有修改。

③工程环境发生变化，预定的工程条件不准确，要求变更实施方案或实施计划。

④在新技术出现后，认为有必要改变原设计、原实施方案或实施计划。

⑤政府部门对工程提出新的要求，如当地政策的变化、新的环境保护要求、城市规划变动等。

⑥由于合同实施出现问题，必须调整合同目标或修改合同条款。

（二）施工合同变更程序

1.施工合同变更的提出

①承包商提出施工合同变更。一般情况下，承包商会在工程遇到不能预见的地质条件或地下障碍，或者为了节约工程成本、加快工程施工进度时提出合同变更。

②业主方提出施工合同变更。业主一般可通过工程师提出施工合同变更。如果业主方提出的施工合同变更内容超出合同限定的范围，则属于新增工程，只能另签合同，除非承包方同意变更。

③工程师提出施工合同变更。工程师根据现场工程进展的具体情况，认为确有必要时，可以提出施工合同变更。若提出的施工合同变更超出了原来合同规定的范围，新增了很多工程内容和项目，则属于不合理的合同变更请求，工程师应该和承包商协商后酌情处理。

2.施工合同变更的批准

由承包商提出的施工合同变更，应交予工程师审查并批准。由业主提出的施工合同变更，为便于工程的统一管理，一般可由工程师代为发出。而工程师发出施工合同变更通知的权力，一般由施工合同明确约定。当然，该权力也为业主所有，然后业主通过书面授权的方式使工程师拥有该权力。如果施工合同对工程师提出合同变更的权力进行了具体限制，而约定其余均应由业主批准，在工程师就超出其权限范围的施工合同变更发出指令时应附上业主的书面批准文件，否则承包商可以拒绝执行。在紧急情况下，不应限制工程师向承包商发布其认为必要的此类变更指示。如果在紧急情况下采取行动，工程师应将情况尽快通知业主。

3.施工合同变更指示

施工合同变更指示的发出有两种形式：书面形式和口头形式。一般情况下，要求工程师签发书面变更通知，当工程师书面通知承包商施工合同变更时，承包商才可执行该项变更。如果工程师发出口头指示要求施工合同变更，那么事后一定要补签一份书面的施工合同变更指示。如果工程师口头指示后忘了补签书面指示，那么承包商（须在7天内）应以书面形式证实此项指示，交予工程师签字。若工程师在14天内没有提出反对意见，则应视为其认可该项指示。所有施工合同变更必须按照规定格式用书面形式写明。对于要取消的任何一项分部工程，施工合同变更应在该部分工程还未施工时进行，以免造成人力、物力的浪费，避免造成业主多支付工程款项。

4.施工合同变更价格调整

除专用合同条款另有约定外，因变更引起的价格调整按照以下约定处理：

①已标价工程量清单中有适用于变更工作的子目的，采用该子目的单价。

②已标价工程量清单中无适用于变更工作的子目的，但有类似子目的，可在合理范围内参照类似子目的单价，由工程师按相关文件中通用合同条款商定或确定变更工作的单价。

③已标价工程量清单中无适用或类似子目的单价，可按照成本加利润的原则，由工程师按相关文件中通用合同条款商定或确定变更工作的单价。

（三）施工合同变更的注意事项

第一，确保变更的合法性。所有变更必须符合法律法规和合同条款的规定，不得损害任何一方的合法权益。

第二，加强沟通与协调。在变更过程中，各方应加强沟通与协调，确保信息畅通无阻，避免产生误解和纠纷。

第三，严格控制变更范围。在审核变更申请时，应严格控制变更范围，避免产生不必要的变更费用和工期延误。

第四，加强变更后的管理。变更执行后，应加强对变更内容的监督和管理，确保变更内容得到正确实施并达到预期效果。

第八章 市政给排水施工质量与安全管理

第一节 市政给排水施工质量与安全管理概述

一、给排水工程施工质量与安全管理的概念和重要性

（一）给排水工程施工质量与安全管理的概念

给排水工程施工质量与安全管理是指在给排水工程施工过程中，对施工质量与安全进行有效的控制和管理。施工质量管理包括施工过程中给排水管道工程的各项技术指标是否达到设计要求，以及施工完成后给排水管道系统是否能正常运行，满足给排水需求。施工安全管理则是指在施工过程中，对施工现场、施工设备、施工人员的安全进行有效的管理，以防止安全事故的发生。

（二）给排水工程施工质量与安全管理的重要性

给排水工程是城市基础设施的重要组成部分，关系到城市居民的日常生活和城市的环境质量。施工质量与安全管理是给排水工程建设的关键环节，对保证工程质量和安全具有重要意义。

首先，优质的给排水工程可以有效提升城市居民的生活质量。给排水管道工程质量的好坏直接影响着居民的给排水需求是否得到满足。如果给排水管道工程质量低下，可能会导致给排水不畅、污水外溢等问题，进而影响居民的正常生活。

其次，有效的安全管理是防止施工过程中安全事故发生的有力保障。市政给排水工程施工过程，涉及深基坑开挖、管道铺设、设备安装等环节，如果安全管理不到位，则可能导致坍塌、火灾、爆炸等安全事故，对施工人员的生命安全造成严重威胁。

总之，给排水工程施工质量与安全管理对于保证工程质量和施工安全具有重要意义。因此，在施工过程中，相关部门应加强对施工质量与安全的监管和管理，确保给排水工程的施工质量和安全。

二、给排水工程施工质量与安全管理的影响因素

给排水工程施工质量与安全管理的影响因素众多，主要包括以下几个方面：

（一）设计因素

给排水工程的设计与施工的关系密切。设计方案是否合理、准确直接影响着施工质量。设计方案如未能充分考虑地形、地质、水文等条件，则可能导致给排水不畅、管道堵塞等问题。同时，设计方案对施工材料、设备的选择，也会影响工程的施工质量和安全。

（二）施工材料与设备的质量

施工材料与设备的质量是影响市政给排水工程施工质量的关键。不合格的材料和设备可能导致管道出现破裂、渗漏等安全隐患，影响给排水工程的正常

运行。因此，在施工过程中，相关人员应严格把控施工材料和设备的质量，确保其符合设计要求和相关标准。

（三）施工技术水平

施工技术是实现设计意图的关键。技术水平的高低直接影响施工质量。在市政给排水工程施工过程中，施工企业应重视新技术、新工艺的应用，提高施工人员的技术水平，以保证施工质量。

（四）施工现场管理水平

施工现场管理水平的高低对施工质量与安全至关重要。有效的施工现场管理可以确保施工按照设计方案和计划进行，及时发现并解决施工中的问题。此外，施工现场管理人员还应注重安全生产，加强对施工人员的安全教育和培训，提高他们的安全意识。

（五）环境因素

在给排水工程施工过程中，环境因素对施工质量与安全具有较大影响。如施工过程中的气候变化、地形地貌条件等，都可能对施工造成一定的影响。因此，施工企业在施工前应对环境因素进行充分分析，采取正确的施工措施，保证施工质量与安全。

（六）质量监督与检查

质量监督与检查是保证市政给排水工程施工质量的重要环节。通过质量监督与检查，相关部门可以及时发现施工过程中的问题，采取相应措施进行整改，保证施工质量达到设计要求。同时，质量监督与检查还有助于提高施工企业的质量意识，规范施工企业的施工行为，从而减少安全事故。

　　总之，影响市政给排水工程施工质量与安全管理的因素众多，要确保施工质量与安全，就必须全面考虑各种影响因素，加强对施工过程的管理与控制。

三、给排水工程施工质量与安全管理的原则

　　给排水工程施工质量与安全管理的原则主要包括以下几个方面：

（一）坚持质量第一的原则

　　在给排水工程施工过程中，质量第一的原则是所有相关部门必须始终坚持的。只有保证工程质量，才能确保给排水工程的正常运行，避免质量问题导致的安全事故和经济损失。因此，在施工过程中，施工企业应严格按照设计图纸和规范要求施工。与此同时，相关管理人员应对施工材料、设备等进行检查和检验，确保施工材料、设备等符合相关标准。

（二）强化安全意识

　　施工安全是施工过程中的重中之重，施工企业应当时刻强化安全意识，做好安全教育与培训工作，提高施工人员的安全意识和自我保护能力。同时，还应建立健全安全生产责任制，明确各级人员的安全生产职责，加强现场安全检查与监督，确保施工安全。

（三）遵守法律法规和相关规范

　　在给排水工程施工过程中，相关部门必须严格遵守国家有关法律法规和行业规范要求，包括施工许可、质量监督、安全监督等方面的规定，以确保施工过程的合法性和规范性。

（四）科学组织与管理

施工企业应根据工程特点和实际情况，科学合理地组织和管理施工队伍，确保施工进度和质量。同时，应注重环境保护和节能减排，提高施工过程中的资源利用效率，减少对环境的污染。

（五）注重技术创新和应用

随着科技的不断发展，新工艺、新技术、新材料不断涌现。施工企业应关注技术创新和应用，积极采用先进的施工技术和设备，提高施工质量和效率，降低施工成本，确保工程安全。

（六）强化质量监督与检查

在给排水工程施工过程中，相关管理部门应加强质量监督与检查，对关键工序和重要部位进行重点监控。发现问题时，应要求施工企业及时整改，以确保工程质量符合要求。同时，施工企业应做好施工记录和资料归档，为日后的维护和管理提供依据。

第二节　市政给排水施工质量
与安全管理体系的建立与实施

一、给排水工程施工质量与安全管理体系的建立

给排水工程施工质量与安全管理体系的建立是确保工程施工质量和安全的关键环节。为了保证体系的科学性、完整性和可操作性，相关部门可参考以下步骤，以建立相应体系：

（一）明确目标

在给排水工程施工质量与安全管理体系的建立过程中，明确目标是至关重要的。首先，需要确立质量与安全管理的具体目标，包括施工质量、工程进度、工程安全等方面的要求。其次，保证确立的具体目标符合国家和行业的相关法规和标准，以确保工程质量的达标。

（二）制定相关管理政策和制度

制定相关管理政策和制度的意义重大。首先，应制定施工质量与安全管理方面的政策，明确质量与安全管理的原则、目标、组织架构、实施方法等方面的要求。其次，应制定具体的施工质量与安全管理制度，包括质量计划、质量检查、质量验收等方面的规定，以及安全教育培训、安全风险评估与防控等方面的具体规定。

（三）建立组织架构

一个合理、清晰、高效的组织架构能够为质量与安全管理提供有力的支撑，确保质量与安全管理方针、目标和政策得以贯彻执行。

首先，组织架构明确了质量与安全管理相关人员的职责和权限，使得每个员工都能够清楚地了解自己的角色和责任，从而更加专注于自己的工作，提高工作质量和效率。

其次，组织架构促进了部门之间的沟通和协作。在质量与安全管理中，不同部门之间需要紧密配合，共同解决质量与安全问题。一个有效的组织架构能够确保信息在部门之间顺畅流通，促进跨部门合作，从而更加有效地应对挑战。

最后，组织架构还有助于组织形成统一的价值观。通过明确的质量与安全管理目标和政策，以及相应的组织架构来推动这些目标和政策的实施，组织内部会逐渐形成对工程质量与施工安全高度关注的氛围，从而使每个员工都将保证工程质量与施工安全视为自己的责任。

（四）确定管理流程

一个完善的管理流程能够确保质量与安全管理活动的系统性、规范性和可追溯性，从而提高给排水工程的质量，更好地满足用户需求，并增强施工企业的市场竞争力。

管理流程从确定质量与安全管理目标开始，通过编制质量与安全管理计划、实施质量与安全控制、进行质量与安全检查与评估，以及采取必要的纠正和预防措施，促进质量与安全管理工作改进，形成了一个闭环系统。这个系统不仅确保了质量与安全管理活动的有序进行，还使得质量与安全问题能够被及时发现、解决和预防，从而避免了质量与安全问题的积累和扩散。

（五）进行资源配置

在质量与安全管理过程中，资源配置直接关系到质量与安全管理活动的有效性和效率。合理的资源配置能够确保质量与安全管理所需的人力、物力、财力和技术得到充分的保障，从而推动质量与安全管理活动的顺利进行。首先，相关管理部门应合理配置人力资源，确保质量与安全管理人员的数量满足工程需要。其次，相关管理部门应配置必要的质量与安全管理工具和设备，以提高质量与安全管理工作的科学性和准确性。

（六）培训与宣传

培训与宣传是提高质量与安全管理水平的重要手段。首先，相关管理部门应对质量与安全管理人员进行专业培训，提高其业务能力和素质。其次，相关管理部门应开展质量与安全管理知识方面的宣传活动，提高全体员工的质量与安全意识，形成良好的质量与安全管理氛围。

（七）监测与改进

监测与改进是保证质量与安全管理工作持续改进的关键。首先，相关管理部门应建立施工质量与安全监测系统，对工程质量与安全进行实时监测和评估。其次，应对监测数据进行分析，发现问题并及时整改，以不断提高质量与安全管理水平。

二、给排水工程施工质量与安全管理的实施

质量与安全管理的实施是确保给排水工程施工质量与安全的关键环节。具体来说，施工质量与安全管理的实施可以从以下几个方面进行：

（一）编制质量与安全管理计划

在施工前，相关管理人员首先需要对施工项目进行全面的了解，明确项目的质量目标和施工要求。在此基础上，编制详细的质量与安全管理计划，包括施工过程中的质量与安全控制措施、质量与安全检查标准、施工人员职责等。质量与安全管理计划应具有可操作性和实用性，以确保在施工过程中能够有效地指导相关工作。

（二）实施质量与安全控制

在施工过程中，相关管理人员需要对工程质量和施工安全进行动态控制。这包括对施工材料、设备、工艺等进行全面监控，确保这些因素满足相关要求。同时，还需要对施工人员进行培训和指导，提高他们的施工技能和安全意识。通过这些措施，给排水工程的施工质量与安全可得到有效控制。

（三）开展质量与安全检查

在施工过程中，相关管理部门定期开展质量与安全检查是发现和纠正施工质量与安全问题的关键环节。质量与安全检查通常包括施工过程中的检查、阶段性检查和竣工验收等。这些检查应按照质量与安全管理计划和相关工程标准进行，确保检查的全面性和准确性。对于检查中发现的问题，相关管理部门应要求施工企业及时采取措施进行整改，确保施工质量与安全得到保障。

（四）进行质量与安全工作改进

在质量与安全检查的基础上，相关管理部门应对发现的问题进行分析和总结，找出问题的根源，采取针对性的措施进行改进。同时，还需要对质量与安全管理的经验和教训进行总结，以不断优化质量与安全管理措施，保障施工质量和安全。

第三节　市政给排水施工质量
与安全管理的创新与发展

一、给排水工程施工质量与安全管理的发展趋势

随着我国城市化进程的不断推进，市政给排水工程在城市建设中的地位日益凸显，其施工质量与安全管理也受到越来越多的关注。笔者将从以下几个方面探讨给排水工程施工质量与安全管理的发展趋势：

（一）规范化与标准化

随着我国工程建设行业的不断发展，给排水工程施工质量与安全管理逐渐向规范化与标准化方向发展。在施工过程中，相关部门将依据国家和行业相关标准，对施工工艺、工程材料、施工设备等进行规范化管理，从而保证施工质量。同时，相关部门制定和完善施工安全管理制度，有助于确保施工现场安全。

（二）信息化与智能化

在信息技术不断发展的背景下，给排水工程施工质量与安全管理逐渐向信息化与智能化方向发展。相关管理部门可以通过应用信息技术，实现对施工现场的实时监控与管理，提高工程质量和安全管理水平。例如，利用大数据技术，相关管理部门可以对施工过程中可能出现的问题进行预测，从而提前采取预防措施。此外，无人机、机器人等智能化设备的应用，可以有效提高施工现场的安全性和施工效率。

189

（三）绿色环保施工

在人们的环保意识日益提高的今天，给排水工程施工质量与安全管理越来越注重绿色环保施工。这意味着在施工过程中，相关部门将充分考虑环境保护和资源节约，尽可能采用绿色施工技术，降低对环境的影响。例如，利用废弃物再利用技术，可以减少建筑垃圾的产生；采用节能设备，可以降低能源消耗；等等。

（四）专业化与精细化

随着给排水工程建设的不断深入，施工质量与安全管理逐渐向专业化与精细化方向发展。这意味着施工队伍需要具备更高的专业素质，以满足工程建设需求。同时，在施工过程中，管理部门将更加注重细节管理，从而提高工程质量和安全管理水平。

为了更好地推动市政给排水工程建设，相关从业者应紧跟行业发展趋势，不断提高自身素质，以推动行业创新与发展。

二、给排水工程施工质量与安全管理的创新

（一）施工质量管理的创新

1.数字化施工技术的应用

随着信息技术的发展，数字化施工技术在市政给排水工程施工质量管理中得到了广泛应用。数字化施工技术主要包括BIM技术、三维扫描技术、虚拟现实技术等。

在市政给排水工程施工中应用BIM技术，可以实现对工程项目的全过程管理，提高项目的管理效率。通过BIM模型，相关部门可以实现对工程项目的可

视化、精细化管理，从而提高施工质量。

　　三维扫描技术能够快速、准确地获取建筑物和地形的三维数据，为给排水工程的设计提供精确的基础资料。通过构建三维模型，设计师可以更加直观地理解施工现场的环境和条件，从而设计出更加科学合理的给排水系统。这种高精度的设计能够减少施工过程中的设计变更和返工，提高施工效率和质量。三维扫描技术还可以用于给排水工程施工质量的检测。工作人员通过扫描施工完成的管道、构筑物等，获取其实际的三维数据，并与设计模型进行对比分析，可以及时发现施工中存在的偏差和质量问题。这种非接触式的检测方法能够减少对施工对象的破坏，提高检测效率和准确性。

　　虚拟现实技术可以为施工人员提供一个安全、可重复的模拟环境，让他们在虚拟空间中学习和练习给排水工程施工过程中需要掌握的关键技能。通过模拟各种施工场景和紧急情况，施工人员可以在不影响实际工程进度和安全的情况下，进行多次实践操作，从而提高他们的操作熟练度和应对突发事件的能力。在施工过程中，虚拟现实技术可以为施工人员提供精准的施工指导。通过虚拟现实设备，施工人员可以直观地看到施工对象的内部结构和周边环境，了解施工的具体要求和注意事项。这有助于施工人员更加准确地掌握施工要点和难点，提高施工质量和精度。

　　2.新型材料的应用

　　在市政给排水工程施工中应用新型材料，不仅可以提高施工质量，还能延长工程的使用寿命。目前，新型材料主要包括高强度混凝土、高性能塑料、玻璃钢等。

　　在市政给排水工程施工中应用高强度混凝土，可以提高给排水管道的抗压强度，延长工程的使用寿命。高强度混凝土具有较高的抗压强度和良好的抗渗性能，可以有效避免给排水管道在使用过程中出现渗漏问题。

　　高性能塑料管道重量小、柔韧性好，便于运输和安装。相比传统金属管道，塑料管道在安装过程中不需要复杂的焊接或连接工艺，这就大大简化了施工流程。此外，塑料管道还具有良好的可弯曲性，能够适应复杂的地形和安装环境，减少了施工难度和成本。这种施工便捷性有助于加快工程进度，提高施工效率。高性能塑料管道的内壁光滑，阻力系数小，不易积垢，这使得管道内的水流更加顺畅，减少了能耗和运营成本。同时，塑料管道在连接过程中通常采用热熔连接、橡胶圈密封等方式，确保了管道具有良好的密封性能。这种密封性不仅避免了管道漏水现象的发生，还减少了因渗漏导致的土壤污染和水资源浪费问题。良好的水力性能和密封性对于提高给排水工程的施工质量具有重要意义。

玻璃钢管道具有优异的耐腐蚀性能，能够在酸、碱、盐等腐蚀性介质中长期使用而不受损。这一特性使得玻璃钢管道在市政给排水工程中，特别是在处理含有腐蚀性物质的废水时，能够保持长期稳定运行，减少了腐蚀导致的管道损坏和维修工作，进而提高施工质量和工程耐久性。

3.质量检测技术的创新

质量检测技术在市政给排水工程施工质量管理中起到了重要的作用。目前，质量检测技术主要包括超声波检测、电磁波检测、光纤光栅检测等。

超声波检测技术能够帮助相关人员精确检测给排水管道、结构件等内部或表面的缺陷，如裂缝、空洞等。在给排水工程中，这些缺陷往往难以通过肉眼或常规方法发现，而超声波检测技术能够帮助相关人员及时发现并准确定位这些缺陷，为后续的修复工作提供精确指导，从而提高施工质量。超声波检测技术还可以用于评估给排水管道材料的性能，如厚度、强度等。通过对材料性能的准确评估，相关人员可以确保施工过程中使用的材料符合设计要求，避免因材料问题导致的施工质量问题。

电磁波检测技术同样可以帮助相关人员检测给排水管道中的裂纹、渗漏等缺陷。如果不及时发现和处理这些缺陷，那么将对施工质量造成严重影响，甚至可能导致给排水管道在后期使用过程中出现漏水、渗水等问题。

光纤光栅检测技术具有快速响应和实时监测的特点，可以在短时间内完成大量数据的采集和分析工作，为施工提供及时、准确的信息支持。设计人员可根据光纤光栅传感器提供的数据进行施工方案的设计和优化。例如，根据检测结果调整管道布局、管道材料或施工方法，以提高施工效率和质量。

（二）施工安全管理的创新

1.施工安全管理系统的信息化

随着信息技术的飞速发展，市政给排水工程施工安全管理系统信息化已成为一种趋势。具体体现在以下几个方面：

①施工安全信息平台的建立。该平台通过收集、整合、分析各类安全数据，为决策者提供科学的依据，从而实现安全管理的精细化、智能化。

②应用信息化手段进行风险评估。通过构建风险评估模型，相关人员可对施工过程中可能出现的安全隐患进行预测，从而为制定有针对性的安全防护措施提供支持。

③远程监控技术的应用。相关人员通过利用远程监控技术，对施工现场的安全状况进行实时监控，确保施工安全。

2.新型安全防护设施的应用

在市政给排水工程施工中应用新型安全防护设施，可以有效提高施工现场的安全性。以下是一些新型安全防护设施的应用实例：

①防护栏杆。防护栏杆通常采用高强度、轻质化的材料制作，能有效减少事故对施工人员的伤害。

②安全网。采用了新型材料和设计理念的安全网，不仅具备更高的强度和韧性，还具备较好的抗冲击性能，能够在意外发生时有效分散和减轻冲击力，防止施工人员受到伤害。

③警示标志。新型的警示标志通常采用高亮度、耐候性好的材料制作，能有效提高施工现场的警示效果。

3.安全培训与教育的创新

安全培训与教育在提高市政给排水工程施工人员安全意识、技能和素质方面具有重要意义。以下是安全培训与教育方面的创新：

①情景模拟培训。通过模拟实际施工环境，施工人员可体验安全事故的危害，从而增强自身的安全意识。

②在线培训。相关管理部门可利用网络平台，为施工人员提供便捷、高效的安全培训课程，提高安全教育的普及率。

③案例分析。相关管理部门可通过分析典型安全事故案例，让施工人员了解事故原因、后果及预防措施，从而提高安全技能。

三、给排水工程施工质量与安全管理的展望

（一）完善相关法规和标准体系

相关部门应建立健全与市政给排水工程施工质量与安全管理相关的法规和标准体系，加大法律法规的执行力度，确保市政给排水工程施工质量与安全管理有法可依。同时，要及时修订和完善现有标准，提高标准的前瞻性和引导性，以适应技术发展的需求。

（二）加强政府监管

市政给排水工程涉及公共安全和环境保护等方面的问题，政府应加强对市政给排水工程施工质量与安全管理的监管。比如，政府可通过加大执法检查力度、建立黑名单制度等方式，督促企业严格执行相关法律法规和标准，确保市政给排水工程施工质量与安全。

（三）提高施工企业的自律意识

施工企业是市政给排水工程进行施工质量与安全管理的主体，其应提高自

律意识。施工企业应加强对员工的培训和教育，提高员工的安全意识和技能水平；建立健全质量管理体系和安全管理制度，规范员工行为；加大技术创新和研发投入，提高施工质量与安全管理水平。

（四）推广新技术与先进经验

相关管理部门应充分借鉴和引进国内外先进的市政给排水工程施工技术和安全管理经验，结合本地实际情况进行推广应用。同时，要及时总结和推广市政给排水工程施工质量与安全管理方面的优秀案例和成功经验，为行业提供借鉴。

（五）加强信息化建设

相关管理部门应充分利用信息化手段加强市政给排水工程施工质量与安全管理，以提高管理效率。比如，其可通过建立施工质量与安全管理信息系统，来实现对施工过程的实时监控和数据分析，为决策提供依据。同时，要加强信息共享和沟通，以提高各参建方之间的协同效率。

（六）提升公众关注度和参与度

相关管理部门可通过举办公众开放日、开展宣传教育活动等方式，让公众了解市政给排水工程的重要性，引导公众参与施工质量与安全管理的监督和评价，形成良好的社会共治氛围。

总之，市政给排水工程作为城市基础设施建设的核心环节，其施工质量与安全管理是确保城市正常运行与可持续发展的基石。这一领域的发展需要社会各界的紧密合作与不懈努力。

参 考 文 献

[1] 陈诚.市政工程地下管线施工技术应用分析[J].四川水泥,2023（09）：
146-148.

[2] 陈飞虎.透水混凝土路面施工技术在市政工程中的应用[J].江西建材,
2023（10）：232-233.

[3] 陈伟.市政工程中绿色施工管理探析[J].工程建设与设计,2023（05）：
245-247.

[4] 陈文阳.关于市政工程施工中管理措施的探讨[J].中国住宅设施,2023
（11）：193-195.

[5] 丁如青.市政工程施工质量的影响因素及质量控制[J].大众标准化,2023
（04）：19-21.

[6] 董相宝,刘廷志,唐雨青.市政建设与给排水工程应用[M].汕头：汕头大
学出版社,2023.

[7] 方宇.探究如何对市政工程施工技术进行有效管理[J].居业,2023（03）：
145-147.

[8] 冯萃敏,张炯.给排水管道系统[M].2版.北京：机械工业出版社,2021.

[9] 郭凤武.加强市政工程施工管理提高市政工程质量[J].中国质量监管,
2023（05）：98-99.

[10] 郝玉龙.市政工程施工中地下管线施工技术的应用分析[J].科技资讯,
2023,21（07）：78-81.

[11] 赫亚宁,韩彦波,刘瑜.城市建设与市政给排水设计应用[M].长春：吉
林人民出版社,2023.

[12] 胡海燕.市政工程给排水管网施工质量控制探究[J].工程机械与维修，2023（04）：59-61.

[13] 赖俊杰.市政工程施工软基处理技术管理研究[J].居业，2023（12）：179-181.

[14] 李刚.探讨市政工程建设施工的关键技术及其实践问题[J].砖瓦，2023（04）：141-144.

[15] 李鹏辉，石超群，岳艳军.市政工程项目施工安全管理分析[J].工程技术研究，2023，8（22）：165-167.

[16] 李维田.市政工程施工材料检测和控制管理[J].产品可靠性报告（品质汽车），2023（06）：124-125.

[17] 林淇.浅谈如何做好市政工程施工中地下管线网络的保护[J].建筑与预算，2023（09）：80-82.

[18] 林文.浅析市政工程施工现场材料全过程管理[J].福建建设科技，2023（05）：132-134.

[19] 刘勇，徐海彬，邓子科.市政建设与给排水工程[M].长春：吉林科学技术出版社，2023.

[20] 马万俊.市政工程污水管网施工要点及优化策略[J].中国住宅设施，2023（04）：76-78.

[21] 饶鑫，赵云.市政给排水管道工程[M].上海：上海交通大学出版社，2020.

[22] 孙岐山.市政工程施工技术通病分析与对策研究[J].中国设备工程，2023（09）：16-19.

[23] 田庆彪.讨论市政工程施工中的软基加固技术[J].中华建设，2024（01）：160-162.

[24] 田振全.绿色环保下市政工程施工技术分析[J].陶瓷，2023（08）：73-75.

[25] 万诚.探究市政工程给排水管道承插口施工技术[J].中国设备工程，2023（18）：14-16.

[26] 王廷谋，庞远辉.市政工程施工管理措施探究[J].中国勘察设计，2023（10）：96-99.

[27] 吴树赐.市政工程建设中顶管施工技术的应用探讨[J].产品可靠性报告，2023（10）：140-142.

[28] 吴忠树.市政工程施工中地下管线的保护问题探析[J].建筑与预算，2023（02）：46-48.

[29] 熊长江，洪捷.浅谈市政工程质量管理要点[J].散装水泥，2023（06）：57-59.

[30] 许龙辉.市政工程施工中的质量控制策略研究[J].江苏建材，2023（03）：154-155，158.

[31] 许巧斌.市政施工现场安全管理监理要点[J].江苏建材，2023（06）：145-146.

[32] 杨婷.对加强市政工程施工管理的思考[J].中国招标，2024（01）：132-134.

[33] 叶家彬.市政工程文明施工标准化工作规划研究[J].大众标准化，2023（06）：63-65.

[34] 余国爱，陆致发，胡云现.市政工程顶管施工过程中常见问题及处理措施[J].云南水力发电，2023，39（12）：46-51.

[35] 钟声莉.市政工程道路给排水管道施工技术研究[J].中文科技期刊数据库(全文版)工程技术，2023（06）：66-68.

[36] 周建萍，陈慧.市政工程给排水管道施工技术研究[J].散装水泥，2023（03）：108-110.

[37] 周炜.市政工程施工机械设备管理优化途径分析[J].中国设备工程，2023（21）：69-71.